计算机软件信息维护及管理方法探讨

李文广　刘振强　李莹果　著

图书在版编目（CIP）数据

计算机软件信息维护及管理方法探讨 / 李文广，刘振强，李莹果著. -- 西安：陕西科学技术出版社，2024.12. -- ISBN 978-7-5369-9115-6

Ⅰ. TP311.53

中国国家版本馆CIP数据核字第2025P5M892号

JISUANJI RUANJIAN XINXI WEIHU JI GUANLI FANGFA TANTAO
计算机软件信息维护及管理方法探讨
李文广　刘振强　李莹果　著

责任编辑	郭　勇　赵　冰
封面设计	卫晨亮

出 版 者	陕西科学技术出版社 西安市曲江新区登高路1388号陕西新华出版传媒产业大厦B座 电话 (029) 81205187　传真 (029) 81205155　邮编710061 http://www.snstp.com
发 行 者	陕西科学技术出版社
电　　话	(029) 81205180　81205190
印　　刷	北京四海锦诚印刷技术有限公司
规　　格	720mm×1000mm　16开本
印　　张	8.5
字　　数	135千字
版　　次	2024年12月第1版
印　　次	2025年1月第1次印刷
书　　号	ISBN 978-7-5369-9115-6
定　　价	68.00元

版权所有　翻印必究

前　言

在当今信息技术迅速发展的背景下，计算机软件已成为各行各业不可或缺的重要工具。它不仅提升了工作效率，优化了资源配置，还在促进信息交流和数据处理方面发挥着举足轻重的作用。然而，伴随着软件的广泛使用，如何有效维护和管理这些软件，确保其安全性、稳定性和高效性，成为了信息技术管理者迫切需要解决的问题。因此，对于计算机软件信息的维护及管理方法的探讨显得尤为重要。

软件维护的领域涉及多个方面，包括更新和修复、性能监控、故障排查以及安全管理等。程序代码的不断演化，使得软件产品需要定期进行维护和优化，以适应新的用户需求和技术进步。不仅如此，维护过程中所采取的方法和工具对软件的长期使用至关重要。如果维护不足，软件可能会面临漏洞、安全隐患、性能下降等问题，从而影响整个系统的运行。

在软件管理方面，除了传统的版本控制与变更管理，还涉及到策略制定、流程优化和资源调配等多个维度。为了确保软件在部署后的顺利运行，需要建立一套综合的管理体系，涵盖软件的配置、使用、维护和更新等环节。通过对软件使用情况的监控，能够及时发现潜在问题并采取相应措施，从而降低故障风险，提高系统的可靠性。

软件维护与管理不仅需要技术支持，更需要有效的人力资源管理与团队配合。信息技术团队需通过专业培训与持续学习，提升其对软件维护与管理的业务能力和技术水平。跨部门合作、USER 反馈机制的建立也有助于及时响应用户需求，优化软件的使用体验。因此，打破部门间的壁垒，形成协同工作的文化，将对软件维护与管理工作带来积极影响。

软件信息维护还涉及到数据管理和信息安全问题。随着数据泄露事件频繁发生，保护客户数据和商业机密已成为企业的重要任务。有效的软件信息维护管理应充分考虑安全性，定期进行安全审计与漏洞扫描，建立应急响应机制等，确保软件及其数据在使用过程中的安全性。实现这一目标，不仅需要技术手段的保障，更需全员安全意识的提升。

人工智能和大数据的发展为软件维护及管理带来了新的机遇。通过智能化的数据分析方法，可以实时监测软件的运行状态，快速识别异常行为，实现主动的故障预警。同时，数据挖掘技术能够帮助企业识别用户行为和需求，使软件的迭代更新更加精准，进一步提高用户满意度。在这种背景下，软件维护及管理的智能化进程势必会持续加速，推动维护及管理行业的进一步发展。

计算机软件信息的维护与管理是一项复杂而系统的工作，涉及技术、管理和安全等多个维度。随着信息技术的不断进步，对软件维护管理方法的探索亟待深化。未来，我们需要不断优化管理策略，提升技术水平，形成科学的、具有前瞻性的维护管理机制，以应对日益复杂的市场环境与技术挑战。通过对软件信息维护及管理方法的深入研究，我们希望能够为行业提供切实可行的解决方案，助力企业在信息化浪潮中稳步前行。

本书由李文广、刘振强、李莹果撰写，张弛、王明印、王倩、江志杨对整理本书书稿亦有贡献。

目　录

第一章　计算机软件信息维护的理论基础 ·············· 1
　　第一节　计算机软件信息维护的概念 ·············· 1
　　第二节　计算机软件信息管理的理论基础 ············ 5
　　第三节　软件信息维护的模型与方法 ·············· 16

第二章　信息管理系统架构与技术方法 ··············· 27
　　第一节　信息管理系统概述 ··················· 27
　　第二节　信息管理系统的设计原则 ··············· 40
　　第三节　信息管理系统的实施方法 ··············· 51

第三章　现代软件维护策略与实践 ················· 64
　　第一节　现代软件维护的概述 ················· 64
　　第二节　现代软件维护的流程 ················· 67
　　第三节　现代软件维护的工具与技术 ············· 71

第四章　数据收集与分析在信息维护中的应用 ··········· 76
　　第一节　数据收集的概念与重要性 ··············· 76
　　第二节　数据分析在信息维护中的作用 ············· 79
　　第三节　数据收集与分析案例研究 ··············· 85

第五章　计算机软件信息管理的挑战与应对策略 ·········· 92
　　第一节　软件信息管理面临的主要挑战 ············· 92
　　第二节　应对策略 ······················ 105
　　第三节　建立统一的管理规范 ················· 115
　　第四节　总结与展望 ····················· 125

参考文献 ···························· 129

第一章　计算机软件信息维护的理论基础

第一节　计算机软件信息维护的概念

一、软件信息维护的定义

计算机软件信息维护的理论基础是研究信息系统管理中至关重要的一环，涵盖了从软件开发生命周期（Software Development Life Cycle, SDLC）到运行期维护（Operational Maintenance）的一系列学术理论和实践模型。理解这一理论基础，不仅有助于更有效地进行计算机软件信息的管理，还能够提升整体系统的运行效率与维护成本的控制。

软件信息维护的概念可被视作对软件系统中信息及其相互关系的动态管理和优化。具体而言，它包括对软件的更新、修复、评估与监控等多方面的工作。比如，依据"故障预测模型（Failure Prediction Model）"，技术团队能够通过对历史数据的分析，预测未来软件使用中的潜在问题。因此，构建一个有效的软件信息维护框架，不仅要关注技术细节，更要结合软件工程、项目管理与信息技术管理（IT Management）等多学科的交叉理论，以提供多层次的支撑体制。

在对软件信息维护的定义进行深入探讨时，可以借助"定义分析模型（Definition Analysis Model）"，以清晰地界定软件信息维护的属性和边界。软件信息维护包含的核心要素包括数据完整性（Data Integrity）、可用性（Availability）和安全性（Security）等，这些要素在系统不同阶段的维护过程中扮演着多重角色，并且相互依存。例如，当一个软件系统需要进行数据升级时，确保数据的完整性和安全性是首要任务，其次是保证系统在新版本下的可用性，这就要求维护人员具备灵活调整系统配置的能力。

进一步说，在实践过程中，软件信息维护不仅关乎技术实施，更与组织管理（Organizational Management）息息相关。假设一家企业正在进行其客户关系管理系统（Customer Relationship Management, CRM）的维护，通常需要形成一套动态的反馈机制（Feedback Mechanism），确保运用实际运维数据反向指导后续的维护决策。这一机制的建立与实施，借助现代数据分析工具，能够提升决策的精准度与响应速度。

通过引入"概念图（Concept Mapping）"工具，有助于进一步阐明软件信息维护的实质。例如，维护的数据类型可以细分为结构化数据（Structured Data）、非结构化数据（Unstructured Data）和半结构化数据（Semi-structured Data），每种数据类型在维护过程中的处理方式和工具选择都有所不同。在运行期的实际案例中，有效的维护策略不仅需要针对特定的技术平台采取适合的更新/storage方案，还要考虑的操作环境及其各个组件间的交互性，以保证信息流通的无缝性和高效性。

计算机软件信息维护的理论基础不仅体现在其对于软件生命周期的有效管理，同时也是一种多维度的计算机科学实践。这一过程涉及严谨的数字解析与复杂的决策科学，以促进信息的流动性和管理的灵活性。在未来，如何更好地整合新型技术如人工智能（Artificial Intelligence, AI）以及机器学习（Machine Learning, ML）运用于软件维护中，将是我们共同面临的研究挑战。因此，围绕这一主题展开深入研究，不仅有助于我们理解现有理论的边界，也为未来技术的融合与创新开辟了新的方向。

二、软件信息维护的分类

在探讨计算机软件信息维护的理论基础时，首先需要明确软件信息维护这一概念的内涵与外延。软件信息维护（Software Information Maintenance, SIM）是指通过对软件系统中的信息进行监测、分析与改进，以保障软件系统的有效性与适应性的一系列活动。这些活动不仅包括对软件源代码的维护和更新，还涵盖了文档、数据库以及相关配置文件的管理和版本控制。依此定义，软件信息维护可以被视为软件工程（Software Engineering）中的一个重要组成部分，其影响程度直接关系到软件系统的生命周期（Software Lifecycle）及其投资回报率（Return on Investment, ROI）。

在对软件信息维护进行深入分析时，分类学分析（Taxonomic Analysis）可谓是一种极具价值的工具。通过构建树状图（Tree Diagram），可将软件信息维护进行系统化分类，以明确不同维护活动的特征与作用。例如，从宏观层次来看，软件信息维护可以划分为预防性维护（Preventive Maintenance）和纠正性维护（Corrective Maintenance）。前者旨在通过对潜在故障的识别与解决，以避免系统崩溃；后者则在故障发生后进行及时修复，以确保系统的连续性与稳定性。

进一步剖析，预防性维护又可以细分为自我修复（Self-healing）与健康检查（Health Check）。自我修复机制通过自动化流程检测并修复软件中潜在的运行错误，极大提高了系统的韧性（Resilience）。在此背景下，将母体软件与辅助软件进行联动，通过建立健壮的维护算法（Maintenance Algorithm），不仅可以显著减少人工干预，还能够在提升系统自动化水平的同时降低维护成本。

在现实应用中，以"开源软件"（Open Source Software）为例，许多开源项目依赖于社区的参与与反馈来进行信息维护。在这种情形下，社区成员通过不断地提交补丁（Patch）与版本更新（Version Update），实现了有效的纠正性维护。这种基于社区的维护方式在一定程度上体现了集体智慧（Collective Intelligence）的优势，同时也显现出若干潜在的管理挑战，如版本控制冲突与信息透明度不足等。这些挑战反过来促使研究者和开发者探索更为高效的维护策略。

软件信息维护的另一个重要维度是其分类及相关技术方法的选择。值得注意的是，信息维护的复杂性要求具备批判性思维（Critical Thinking）来评估各维护策略的适用性及其可能带来的利弊。例如，通过数据挖掘技术（Data Mining）与机器学习（Machine Learning）来优化维护策略，能够为决策者提供基于数据的实证支持，从而提升管理效率。相对而言，静态方法（Static Methods）虽然在一些传统软件维护中依然适用，但其灵活性与动态适应性不足，有逐渐被动态管理技术所取代的趋势。

总结而言，计算机软件信息维护的理论基础既涵盖了预防性与纠正性维护，又延伸至自我修复与健康检查等细分领域，展示了信息维护的多样性与复杂性。从开源软件的维护现状到数据驱动管理方法的应用，整个生态系统的优化不仅归功于技术的进步，也反映了维护策略与管理思想不断被优化与发展的过程。因此，充分理解与研究软件信息维护及其管理方法，对于提升软件开发与维护的有效性、优化资源配置并最终推动软件产业的可持续发展具有重要的现实意义与理论价值。

三、软件信息维护的重要性

计算机软件信息维护的理论基础主要围绕着信息系统的生命周期管理以及持续性质量保障等方面展开。在此基础上，本文引入"SWOT分析"框架，用以全面评估计算机软件信息维护的内外部环境，从而为软件维护的策略制定提供理论支持。SWOT分析是一种通过评估内部优势（Strengths）与劣势（Weaknesses），以及外部机会（Opportunities）与威胁（Threats）相互作用的机理，构建全面认识的框架。在计算机软件信息维护的背景下，软件的复杂性与动态性使得这种分析尤其重要。通过构建相关数据的量化模型，SWOT分析能够帮助管理者识别软件维护过程中的关键变量，进而优化决策。

进一步来说，计算机软件信息维护的概念涵盖了软件的持续管理与技术支持，意在确保软件在整个生命周期内的有效性与高效性。此概念不仅仅是维护系统的运行，更包括了对信息更新、版本管理、故障排查及用户支持等多方面的综合管理。在当今快速发展的信息技术环境中，软件信息维护的概念也逐渐延伸至其安全性和合规性。无论是对企业内部软件系统的维护，还是对客户软件产品的支持，软件信息维护不仅能够降低操作成本，提高计算机运行稳定性，还能在一定程度上增强用户满意度。

软件信息维护的重要性不言而喻。在面对快速变化的市场环境和技术更新换代加速的现实情况下，维护的好坏直接影响到软件的可持续发展和企业整体运营效率。近期的一项研究表明，实施有效信息维护的企业，其软件故障率降低了25%，并且响应时间缩短了40%。这种显著的提升归因于对于信息更新及时性和维护流程规范化的严格把控。维护的有效性还有助于减少由于软件漏洞所引发的安全风险。举例而言，某大型金融机构在加强软件信息维护后，成功发现并修复了潜在的安全隐患，从而避免了一次可能导致上千万损失的安全事件。这些数据与案例均表明，持续、系统化的维护策略能够显著增强软件系统的韧性和可靠性。

在进一步的分析过程中，我们还必须考虑到特定行业的特点对软件信息维护的影响。例如，在医疗行业，软件系统的维护水平直接关系到病人的信息安全与治疗效率。因此，这类行业不仅需要常规的技术支持，更要求维护团队具备医疗行业知识与应急管理能力。通过案例研究，我们可以看到某医院在引入专业维护团队后，其软件系统的故障率降低了30%，且患者满意度显著提高。这一变化不仅提升了医院的服务质量，还有效增强了患者对整个医疗信息系统的信任。这进一步强调了在实施软件维护时，专业知识的引入的重要性。

综合上述分析，计算机软件信息维护的理论基础与实践应用应当高度重视不同方面的协调与结合。考虑到信息技术的快速演变，计算机软件信息维护的概念应当不仅局限于技术层面，更应向人力资源、流程管理及法律合规等多层次扩展。通过对SWOT分析的合理运用，可以帮助相关人员更加全面、系统地认识到在软件信息维护过程中潜在的挑战与机遇，进而制定出更加科学与可行的维护策略，以便在复杂多变的市场环境中实现软件系统的持续良性发展。

第二节　计算机软件信息管理的理论基础

一、软件信息管理的定义

（一）管理的基本概念

计算机软件信息维护的理论基础中，首先需明确"信息维护"的核心概念，它不仅仅涉及对软件的运行状态监控和故障排除，更广泛地涵盖了软件生命周期各阶段的信息管理策略。依据"信息系统（IS）"理论，信息维护首先要建立有效的信息流通和反馈机制。软件在运行过程中，如何有效地收集和分析运行数据，形成对于系统状态的可视化数据和信息，便是确保信息维护成功的关键。此过程中，应当运用"系统论（System Theory）"与"反馈控制理论（Feedback Control Theory）"的相关原理为软件信息维护提供理论支持。

在分析软件信息维护的过程中，教育模型化的概念也不可忽视。具体来说，在软件信息维护实践中，可将其视为一种动态变化的系统，通过对信息的实时收集与分析来不断优化维护策略。例如，利用"数据挖掘（Data Mining）"技术从海量的操作日志中提取出潜在问题与维护需求，并根据特定的算法模型制定相应的维护方案，显著提高了信息维护的效果与效率。

另一方面，计算机软件信息管理的理论基础同样不能被忽视。在信息管理领域，"信息生命周期管理（Information Lifecycle Management, ILM）"是一个重要框架，用于描述信息在其生命周期内的不同阶段的管理策略。信息的产生、存储、使用与销毁等各个阶段都需要有针对性的管理措施，以确保信息的完整性、可用性和安全性。例如，在软件的信息管理实践中，通过实施"数据治理（Data Governance）"，建立针对数据使用与共享的标准与规范，为信息资产的可靠性与合规性提供坚实保障。

从"信息科学（Information Science）"与"管理学（Management Science）"的理论视角，我们可以进一步探讨软件信息管理的定义。以"信息"为核心，软件信息管理不仅迅速有效地响应用户需求，更会在企业的决策过程中发挥关键作用。例如，在进行产品维护和更新的决策时，及时获取软件运行数据、用户反馈和市场需求信息，能够帮助管理者作出科学合理的决策，显著提升产品的市场竞争力。

至于管理的基本概念，通常而言，管理是指为了达到某一特定目标，利用和协调组织内外部的资源、活动及人员的过程。结合"现代管理理论（Modern Management Theories）"，管理活动不仅涉及计划、组织、指挥、协调与控制五个主要职能，还需关注如何创新与适应，例如运用"精益管理（Lean Management）"与"敏捷管理（Agile Management）"的方法论等。因此，在计算机软件信息维护与管理的实际过程中，如何有效整合这些管理理论与实践更具复杂性与挑战性。

特别在当今快速发展的信息技术环境中，软件信息维护与管理的关系愈发紧密。信息技术的不断迭代加速了软件版本的更新和维护频率，这不仅促使管理者不断适应新技术，还要求他们对管理方法进行持续的创新。在这一背景下，通过实证研究与案例分析，我们可以进一步论证有效的软件信息管理措施，如何在实际操作中提升整体维护效率，降低故障率以及提升用户满意度。

计算机软件信息维护及管理的理论基础是一个多维的综合体，通过结合信息学、管理学及现代管理理论，深入探讨各个层面的管理策略与实践，为后续研究和应用提供明确的理论指引与实证基础。从而不仅为信息维护的有效性与高效性奠定了理论支持，也为实际操作提供了可行的框架与方法论。

(二) 软件信息管理的特点

计算机软件信息维护的理论基础涵盖了多个方面的研究内容和应用案例。在当前技术快速发展的背景下，软件信息维护的重要性愈加凸显，催生了对其理论基础的深入探讨。依据"信息生命周期管理（Information Lifecycle Management, ILM）"理论，软件的信息维护可被视作对软件相关数据的全周期管理。这一理论框架强调了对信息从生成到消亡的全过程管理，力求实现信息的有效利用与资源的最优化配置。例如，在软件开发的早期阶段，信息维护侧重于需求分析与设计文档的完善，而随着软件推向市场，维护的重点逐渐转向对用户反馈的整合和版本更新。因此，及时的维护既能够保证软件的稳定性，又能有效减少日后的维护成本。

在此基础上，探讨计算机软件信息管理的理论基础同样不可或缺。软件信息管理涉及软件产品全生命周期的信息处理与管理方法，特别强调了数据的有效组织和利用。"软件工程（Software Engineering, SE）"与"知识管理（Knowledge Management, KM）"的结合构成了软件信息管理的核心理论。在这个框架下，软件信息管理不仅仅是数据的存储与检索，更是注重在软件开发与维护过程中对知识的创造、分享与应用。例如，通过引入"敏捷开发（Agile Development）"模式，团队能够在不断变化的需求下，快速调整信息管理策略，从而在动态环境中增强对软件项目的应变能力。此类方法的采取使得软件信息管理在理论与实践之间形成良性互动。

软件信息管理的定义，实际上涵盖了信息收集、分类、存储、检索与分发等多个环节。更为具体地，软件信息管理是指通过科学的管理方法与技术手段，确保软件相关的数据能够得到高效、可控及安全的处理与利用。根据"数据挖掘（Data Mining）"的相关技术，软件信息管理可通过对已有数据的系统分析与挖掘，进一步优化信息处理流程，并提供决策支持。例如，在企业资源规划（Enterprise Resource Planning, ERP）系统中，信息管理不仅关系到财务和库存信息的处理，还影响到生产与人力资源的调配，显示出其在多维度背景下的关键性。

在理解软件信息管理的特点时，必须注意其在动态性与复杂性方面的特征。当前的技术环境促使软件信息管理呈现多样化、新型化及动态更新的特点，尤其是在"云计算（Cloud Computing）"与"人工智能（Artificial Intelligence, AI）"的推动下，软件信息管理的特点愈加明显。云计算提供了动态的存储与计算资源，使得信息管理的空间与时间限制大幅减小。人工智能助力智能化的信息处理，通过机器学习（Machine Learning, ML）算法实现数据分析的自动化，提升了信息管理的效率与准确性。通过引入这两种先进技术，软件信息管理在应对复杂需求时展现出极高的灵活性与适应能力，为软件维护及决策提供了科学依据。

对于计算机软件信息维护及管理的理论基础，构建在信息生命周期管理、软件工程与知识管理等多个重要的理论之上，通过动态把握信息管理的定义与特点，推动了软件工程实践中的创新。这一系列理论与技术的交融，无疑为未来的软件信息管理指明了方向，也为相关研究的深入提供了新的视角和思路。

二、软件信息管理的过程

（一）信息收集

在当今信息技术飞速发展的背景下，计算机软件信息维护的理论基础逐渐显示出其在软件生命周期管理中不可或缺的重要作用。软件信息维护不仅涉及对软件性能与功能的监控，更深层次包含了对软件版本、环境依赖性及安全性等多方面因素的全面解析。基于此，维护理论的构建往往依赖于"软件工程（SE）"中的风险管理与变更控制的有效结合，借助于"生命周期模型（LCM）"和"配置管理（CM）"等核心概念，形成一整套适用于特定组织或项目需求的软件信息维护体系。

在此基础上，构建合理有效的软件信息管理理论框架显得尤为重要。通过引入"数据挖掘（DM）"与"知识管理（KM）"的概念，不仅为软件管理提供了更加细致的信息渲染，还增强了对信息流动过程的动态分析能力。进一步来说，软件信息管理的核心目的是确保信息的有效性、完整性与安全性，而这些特征的保障又需要依赖于"模型驱动工程（MDE）"等现代工具与技术，通过自动化测试与持续集成实现软件信息的动态维护与更新。

在深入探讨软件信息管理的过程中，我们需认识到其不仅是一个技术性问题，更是一个系统性挑战。软件信息管理过程通常包括需求获取、分析与设计、实施与测试、部署及后期维护等多个环节。例如，在需求获取阶段，需运用"用户故事（User Story）"和"用例（Use Case）"等方法，确保所收集的信息能够准确反映用户需求及市场动态。因此，在各个阶段的信息管理策略的有效实施，可以显著提高维护的效率和质量，进而降低因信息失误带来的潜在风险。

对于信息收集的具体方法与工具，我们需进行广泛的考察与分析。依据"调查（Survey）"、"访谈（Interview）"和"文献分析（Literature Review）"等信息收集技术，构建系统化的数据收集流程图是实施有效信息维护的前提。同时，通过整合"定量研究（Quantitative Research）"与"定性研究（Qualitative Research）"的方法，可以促进数据收集的全面性与准确性，这在软件维护与管理中尤为重要。例如，定量研究能通过问卷调查获取大量的可靠数据，以支持决策过程，而定性研究则可通过访谈获取用户深层次的需求与反馈，从而为软件的迭代更新奠定坚实的基础。

在数据收集环节，采用合适的工具与方法不仅能提高信息的合法性与有效性，还能促进信息的快速流转与分析。在信息技术飞速发展的今天，"机器学习（ML）"与"自然语言处理（NLP）"等新兴技术也逐渐在软件信息维护中发挥重要作用。通过这些技术，能够对收集到的大量数据进行深度学习与模式识别，从而优化软件信息的管理与维护过程。

理解计算机软件信息维护与管理的理论基础以及信息收集的有效策略，不仅有助于增强软件维护的科学性基础，更能提高管理效率，降低潜在风险。因此，构建全面的信息管理体系以适应日益复杂的软件环境显得尤为迫切和必要。

(二) 信息存储

计算机软件信息维护的理论基础主要围绕数据一致性管理（Data Consistency Management）、软件生命周期管理（Software Lifecycle Management）和信息系统理论（Information Systems Theory）等核心概念展开。数据一致性管理强调在数据存储与更新过程中确保数据的准确性和可靠性，进而影响到软件信息的维护质量。在此框架下，维护人员需要应用数据完整性（Data Integrity Constraints）约束及事务管理（Transaction Management）策略，以防止数据在不同状态下出现不一致现象，确保信息的可追溯性与可用性。

进一步而言，软件生命周期管理涉及软件从需求分析、设计、实现、测试到维护的各个阶段。这一过程不仅包括软件的信息维护，还涵盖了对软件信息管理的必要性阐述。例如，在软件测试阶段的缺陷管理（Defect Management）中，维护工作需要对缺陷信息的记录、分类与优先级设定进行系统化管理，从而在后续的维护阶段提供有效的数据支持。数据支持在此不仅包括缺陷定位、处理策略，还需要通过对以往版本（Legacy Versions）的对比分析，形成具有指导价值的决策依据。

计算机软件信息管理的理论基础则体现在信息生命周期管理（Information Lifecycle Management, ILM）和信息治理（Information Governance）等学科。信息生命周期管理强调对信息在其存在期间各生存阶段的策略与流程规划，确保信息在生成、存储、使用与销毁等环节中的有效管理。而信息治理则聚焦于围绕信息资产的战略性管理和合规性维护，确保信息符合既定法规及组织政策。在此框架内，管理人员需构建有效的数据治理模型（Data Governance Model），通过制定标准化流程与规范化管理，确保软件信息能够在管理的各个触点保持一致性与合规性。

在探讨软件信息管理过程时，可通过整合数据流转模型（Data Flow Model）与信息处理模型（Information Processing Model）来分析。数据流转模型主要描述数据在不同环节之间的传递路径，例如从输入到处理再到输出的转化流程。而信息处理模型则专注于数据的处理逻辑与产生的信息价值，这二者共同为软件信息管理的系统化提供支持。例如，在信息获取环节，可以采用数据挖掘技术（Data Mining Techniques）进行大数据分析，提取关键信息,并为后续决策提供依据。而在信息处理环节,通过自动化工具(Automation Tools)来实现数据的快速处理与报表生成,以提升管理效率和决策速度。

信息存储的概念在整个软件信息管理中占据着核心地位。在此过程中,信息存储模型如分层存储架构(Hierarchical Storage Architecture)及云存储解决方案(Cloud Storage Solutions)等方法论扮演着重要角色。分层存储架构将数据按其使用频率及价值进行分类,并在不同存储介质间进行高效调度,以降低总持有成本。而云存储解决方案则通过虚拟化技术(Virtualization Technology)提供灵活的存储环境,使得信息能够根据实时需求进行动态扩展或缩减,从而实现了资源的优化配置与利用率的提升。

值得一提的是,近年来随着人工智能(Artificial Intelligence, AI)和机器学习(Machine Learning, ML)的发展,软件信息存储与管理的方法论正在逐步向智能化转型。在数据安全与隐私保护日益重要的背景下,应用智能算法提升数据存储策略的自适应能力与安全性成为研究的热点。这样的技术进步不仅提升了软件信息管理的科学性,也为维护工作的高效性和准确性提供了有力保障。

通过上述理论基础的详尽探讨,显而易见,计算机软件信息维护及管理的复杂性与多样性要求我们从多维度进行深入研究与实践,以推动该领域的发展与创新。

三、软件信息管理的工具与技术

在探索计算机软件信息维护的过程中,理论基础的构建可视为一项重要的基础性工作。软件信息的维护不仅仅是关注其表层的功能性保障,更关乎于信息的完整性、准确性以及可持续性。为此,需要借助"信息系统理论(IST)"和"生命周期管理理论(LCM)"等多种理论模型,构建综合性的维护框架。信息系统理论强调信息在系统中的流动和处理,而生命周期管理理论则关注软件从开发、实施到退役的各个阶段。这些理论为软件信息的维护提供了动态的视角。

在具体的维护实践中,我们将"数据仓库技术(DW)"及"变更管理方法论(CMM)"作为重要的技术工具。数据仓库技术通过对历史数据的汇集与分析,为维护人员提供了必要的数据支持,使其能够对信息的变动进行监测和评估，从而提高维护决策的科学性。同时，变更管理方法论为软件信息维护提供了结构化的流程，使得各类变更能够在有序的环境中被有效管理，从而降低了信息损失风险。

与此同时，计算机软件信息管理的理论基础为维护工作提供了整体框架。"信息资源管理理论（IRM）"构成了软件信息管理的核心，其基础理念强调信息的价值与效率。在这一框架下，软件信息的管理不仅关注单一软件产品的生命周期，更注重在广泛的组织环境中寻求信息的整合与优化。以"敏捷管理理论（Agile）"为例，其快速响应变化、在迭代中逐步完善的特点，使得软件信息管理在动态市场中更具适应性。"知识管理理论（KM）"也为信息管理提供了重要视角，通过知识的获取、共享及应用，促进软件信息价值的升华。

在具体的工具与技术层面，为实现高效的软件信息管理，信任度高的技术评估模型具有不可或缺的价值。例如，"软件评估指标（SAI）"不仅允许我们从多个维度对软件的信息质量进行深入分析，还可以帮助团队在决策过程中优化资源分配与使用。通过构建以"硬件适配性（HA）"和"软件性能指标（SPI）"为基础的综合评估体系，利用数据挖掘技术（Data Mining）获取的信息，为维护工作的实施提供了科学的依据。

进一步而言，结合"服务导向架构（SOA）"的诸多优势，我们能够在信息管理与维护的过程中实现更高的灵活性与适应性。SOA 提供的服务重用及解耦特性，使得软件信息能够在不同的业务需求和情景中得到其最佳展现。这种灵活的管理方式，极大地提升了信息管理的效率，从而降低了运营风险，同时提高了响应市场需求的能力。

案例分析不仅充实了理论框架，也为具体实践提供了有力的支持。例如，某知名科技公司的实施案例显示，通过应用"项目管理工具（PMT）"及"云计算技术（CC）"来优化软件信息的维护与管理，最终在信息可靠性和维护效率上实现了显著提升。其在实施过程中，从技术工具选择到管理策略制定，均充分利用多种评估模型和理论，确保了过程的科学性和系统性。

综合来看，计算机软件信息的维护与管理是一个复杂而动态的过程，其同时要求扎实的理论基础支撑和前沿的工具技术应用。通过运用多层次的分析框架与技术评估模型，结合实际案例分析，我们能够更深入地理解这一领域的核心问题，并提出切实可行的优化方案。

四、软件信息管理中的挑战

(一) 数据安全问题

在现代信息技术迅猛发展的背景下，计算机软件的信息维护与管理已成为确保信息系统可信性、可用性与安全性的重要内容。对计算机软件信息维护的理论基础的探讨，不仅涉及数据管理的相关原则，还需结合信息安全框架进行多维度的分析与理解。值得强调的是，信息技术（IT）环境的复杂性使得传统的软件维护策略面临诸多挑战，这促使学者和从业者不断探索适合新形势的维护理论和方法。

在当前的软件信息维护理论中，软件生命周期管理（Software Lifecycle Management, SLM）是一个核心概念。该理论强调从软件的规划、设计、实施到维护和退役的全过程管理，以最大化软件在全生命周期内的效能。通过实现对软件版本控制与变更管理的深入探讨，有助于提升软件维护的系统性与可预见性。在这一过程中，运用编程语言的代码审查、单元测试等技术，可以有效减少后期维护时潜在的风险和成本，从而实现更为高效的信息维护。

与此同时，计算机软件信息管理的理论基础同样不可忽视。软件信息管理（Software Information Management, SIM）涵盖了软件资源的获取、存储、分析与分发。为确保信息的高效利用，必须引入数据治理（Data Governance）和数据管理模型（Data Management Model）。例如，数据仓库（Data Warehouse）和数据湖（Data Lake）技术的应用，能够为信息管理提供强有力的支撑，使得企业在面对海量数据时能够灵活应对，合理调配资源。基于此，构建一个信息共享的平台，可以有效提升各部门之间的协作效率和信息透明度。

网络安全形势的日益严峻使得软件信息管理面临诸多挑战。其中，数据安全问题是一个亟待解决的关键隐患。在网络攻击、内外部数据泄露事件频发的背景下，如何建立有效的数据保护机制，则需要借助风险评估矩阵（Risk Assessment Matrix）这一工具对潜在风险进行量化分析，以制定相应的应对策略。通过对数据流动的全面审核与监控，结合国家及行业的合规要求，可以强化对信息资产的保护。运用数据加密、访问控制和备份策略等技术手段，有助于保障敏感信息的安全性与完整性。

在具体操作层面，风险评估矩阵的应用能够为企业提供清晰的决策框架，使管理者在对风险进行定量分析时，能够更直观地判断风险的可能性与影响程度。例如，在面对系统漏洞时，通过风险评估，可以确定优先修复的对象，确保有限的资源用于最需要防护的环节。同时，结合实时监测工具与安全信息事件管理（Security Information and Event Management，SIEM）系统，能够持续优化信息安全策略，从而实现主动防御，降低风险影响。

由此可见，计算机软件信息维护及管理中所面临的挑战，不仅要求从业人员具备高水平的技术能力，更需要在理论基础的指导下，灵活应对不断变化的环境与需求。在信息安全框架的指导下，通过科学的数据分析与风险评估，不断提升维护与管理的有效性，才能在信息爆炸的时代背景下，确保计算机软件的持续稳定运行。同时，这也是促进组织信息文化建设和增强信息经济竞争力的重要保障。

（二）信息冗余问题

计算机软件信息维护的理论基础涉及多个层面的综合性探讨，主要包括软件生命周期管理、版本控制理论以及数据一致性维护等核心议题。理论上，软件维护的主要目标是确保软件在其生命周期内持续满足用户需求和技术标准（Software Life Cycle Management，SLCM）。该理论框架强调在软件正式发布后，必须通过有效的维护策略来应对诸如功能增强、缺陷修复、性能优化等一系列需求变化。

从版本控制的角度来看，版本控制理论（Version Control Theory，VCT）在维护过程中具有不可或缺的地位。通过实施版本控制工具如"Git"或"Subversion"，可以有效管理多个软件版本之间的变更记录，确保每个版本的可追踪性和可恢复性。数据一致性维护理论（Data Consistency Maintenance，DCM）则关注在多用户环境或并发操作时，如何避免数据不一致的问题。这一理论为软件信息维护提供了理论支持，使得软件在面对复杂的操作需求时，仍能保持高效和稳定的运行。

在探讨计算机软件信息管理的理论基础时，首先应当明确软件信息管理的核心概念即主要涵盖了信息收集、存储、处理和分发等过程（Information Management Theory, IMT）。这一理论框架强调信息在软件开发和维护过程中的价值，通过高效的信息管理策略可以提升软件开发团队的协作效率。例如，运用数据仓库技术（Data Warehouse Technology）可以整合来自不同系统的数据，从而为决策提供支持。

再者，软件信息的管理不仅依赖于技术工具的应用，更与团队的流程管理密切相关。在敏捷开发环境（Agile Development Environment）中，通过迭代式的开发和定期反馈，可以显著提升软件信息管理的有效性与适应性。然而，这种灵活性也潜藏着管理上的复杂性，因此在实际应用中必须综合考虑团队协作方式，选择合适的信息管理策略。

尽管如此，软件信息管理依然面临多个挑战。其中，信息冗余问题尤为突出，通常表现为相同数据在不同系统或模块中重复存储（Information Redundancy Issue）。根据冗余分析模型（Redundancy Analysis Model, RAM），信息冗余会导致存储资源的浪费以及维护成本的增加，因此对于软件开发和维护团队而言，实施有效的冗余控制政策是至关重要的。例如，在数据库设计中利用"范式化"（Normalization）技术可以有效减少冗余，通过规范化数据结构，使得数据在系统间的传播更加高效。

针对信息冗余的问题，结合历史案例研究，已经有多种解决方案被提出。例如，某知名软件公司在其客户数据库管理中，应用了基于事件驱动的架构（Event-Driven Architecture, EDA），通过实时的事件监控与处理，确保了数据库信息的同步更新，有效降低了冗余率。这些案例不仅证明了理论的有效性，同时也为实践提供了宝贵的启示。

计算机软件信息维护及管理的理论基础构建了一个系统化的框架，通过充分认识软件生命周期、版本控制和数据一致性等理论的内涵，结合挑战与冗余问题的深入分析，最终形成了一套可以指导软件信息管理实践的理论体系。未来，随着技术的不断发展，这一理论体系将在信息管理领域继续演进，以应对更加复杂的管理挑战。

第三节 软件信息维护的模型与方法

一、软件信息维护的模型

(一) 概念模型

计算机软件信息维护的理论基础是信息系统开发与管理领域的核心组成部分，其中，软件的生命周期管理、维护策略及模型构建是实现有效维护的重要保障。通过理论的构建与实践的融合，我们能够更好地理解软件信息维护的本质以及其实施过程中的复杂性。软件维护不仅是对已部署系统的更新与修正，也包含对软件质量的评估、用户需求的响应以及技术债务的管理。

在软件信息维护中，系统的生命周期模型（Software Development Life Cycle, SDLC）起到至关重要的作用。SDLC 为软件的规划、设计、实现及后续的维护提供了一整套的规范与流程。从需求收集到系统实施直至最终的维护阶段，各个环节之间的有效衔接是维护工作成功的关键。

基于 SDLC 的理论支撑，软件信息维护的模型在实践中逐渐发展出多种形态。在此背景下，UML（统一建模语言）作为一种标准化的建模工具，提供了一种视觉化的方式来描述、分析与设计软件系统。UML 不仅具备良好的图形表达能力，同时也能有效地将系统的动态特性与静态结构进行抽象。在软件维护的过程中，运用 UML 图示如例图、类图、时序图等，不仅可以清晰表述系统的功能要求与结构关系，还能够帮助维护人员快速定位系统中的潜在问题，从而优化维护流程。

进一步探讨软件信息维护的模型，我们可以归纳出几种主要的维护策略：纠正性维护（Corrective Maintenance）、适应性维护（Adaptive Maintenance）、完善性维护（Perfective Maintenance）及预防性维护（Preventive Maintenance）。其中，纠正性维护主要针对软件缺陷进行修复，其目标在于恢复系统的正常功能；适应性维护则关注系统在变化的技术环境或业务需求下的适应能力；而完善性维护的重点在于提升系统性能或扩展功能；预防性维护通过对潜在问题的前瞻性分析，试图降低未来维护的成本，确保软件的长期可用性与稳定性。

在实际案例中，某大型金融服务机构在进行信息维护时，采用了混合维护模型（Hybrid Maintenance Model），将适应性维护和纠正性维护相结合，成功优化了其交易处理系统的效率。通过对系统的定期审计与性能监测，该机构能够及时识别潜在的风险点，并进行必要的技术调整。例如，它通过分析系统运行数据，发现某些交易算法在面对高峰时期的负载时存在性能瓶颈，进而进行相应的算法优化。

案例还表明，采用基于 UML 的维护模型可以显著增强软件的可维护性。对于复杂系统的维护，UML 提供的各种图示工具使得信息维护团队能够在系统的不同层面上进行协同工作。这种整合性的方法有效降低了维护过程中的沟通成本，提高了信息的透明度与共享效率。

软件信息维护的理论基础为我们提供了框架性支持，同时为实施过程提供了实用的参考模型。通过结合 SDLC 及 UML 图示，不仅能够系统化地理解软件维护的全貌，同时亦能有效地提升软件系统的质量与生命周期管理能力。这种理论与实践的结合，正是当前软件信息维护领域逐步走向成熟的重要标志，值得业界进一步研究与推广。

（二）过程模型

在当代信息技术迅速发展的背景下，计算机软件信息维护的理论基础愈显重要。信息维护不仅仅是对软件系统的简单更新或修复，更是一个系统性工程，其关键在于对软件生命周期的全面理解。从"软件生命周期模型（Software Lifecycle Model）"的视角出发，维护活动可以分为多个阶段，其中包括需求分析、设计、实现、测试、部署以及维护和废弃。在这一过程中，各个阶段之间存在复杂的反馈机制，并对软件信息的保持与更新提出了系统化的要求。

相较于传统的维护模式，当前的研究更加关注如何通过"模型驱动工程（Model-Driven Engineering, MDE）"来提升维护活动的效率与有效性。研究表明，不同类型的软件维护活动，如补丁管理、版本控制以及系统优化，均可以通过建立动态的维护模型进行预测与分析。例如，通过构建基于状态图的模型，可以形象地展示软件在不同维护阶段的状态变化，使得维护人员更加直观地理解当前软件的运行状态，从而制定更为合理的维护策略。

在软件信息维护的模型与方法中，"过程模型（Process Model）"不仅仅是概念上的框架，而且评估和改进维护流程的坚实基础。通过对软件维护过程进行细致的步骤分析，借助于"流程图（Flowchart）"等可视化工具，维护团队能够明确各个步骤之间的逻辑关系及时间投入。比如，对于某一特定软件的版本更新，维护团队可以利用流程图清晰地描述从需求收集、开发实现到最终部署的全过程，确保每一环节无缝衔接。

在维护模型的具体应用中，采用历史数据分析与现有维护流程结合的方式，能够大大提高维护决策的科学性。众所周知，软件维护过程中面临着大量不确定性和潜在风险，因此引入"数据驱动决策（Data-Driven Decision Making, DDDM）"理念，通过对历史维护数据的深入分析，能够识别出常见故障模式及其发生概率，这些都将为未来维护活动的有效实施提供坚实的数据支持。例如，通过对某一大型企业 ERP 系统的维护记录进行统计分析，研究发现，系统较频繁出现的性能瓶颈问题可通过定期优化数据库访问的方式有效规避，这印证了数据分析在维护中的重要性。

进一步探讨，软件信息维护的过程模型不仅可以应用于传统软件领域，更能在现代分布式系统和微服务架构中展现其独特的优势。在这一背景下，维护策略需要根据系统组件的不同特性进行适配，例如，微服务的迭代上线和实例管理更加强调自动化与集成部署的高效性，故而在维护过程中，运用先进的"持续集成与持续交付（Continuous Integration and Continuous Delivery, CI/CD）"工具显得尤为重要。通过实现维护过程的自动化，团队将能更加专注于核心业务的创新与发展，而非陷入日常事务的琐碎之中。

计算机软件信息维护的理论基础及其相关模型，不仅要求维护人员具备扎实的系统理论与实践经验，更呼唤在信息时代背景下的革新思维与方法论。在此过程中，流程图与状态图等分析工具的合理运用，将为确保软件的高可用性和持续拓展性提供强有力的支持。因此，深入探讨计算机软件信息维护的理论基础及其具体模型，是提升信息管理效率、减少系统故障率以及优化资源配置的必由之路。通过这些理论与实证的结合，最终实现对软件信息维护的科学化、系统化管理，将成为推动现代智能化社会发展的一项重要使命。

二、软件信息维护的方法论

计算机软件的信息维护不仅是技术层面问题的简单堆砌,更是一个涉及理论、模型与方法论的复杂体系。在现代软件工程(Software Engineering)的背景下,信息维护的理论基础构建在多个相关领域的交叉之上,为软件信息系统的生命周期管理提供了支撑。

从软件维护(Software Maintenance)的视角来看,维护的主要目标在于保证软件系统在其使用生命周期内的可靠性、可用性与可扩展性。根据《IEEE 1219-1998 Software Maintenance Standard》,软件维护被定义为"修改已发布软件的过程,以修复缺陷、改善性能或其他功能,或适应环境的变化"。这里所强调的"修复缺陷"和"适应环境变化"正是信息维护所应对的核心问题,进一步思考,就需要建立系统化的理论框架来支撑这些目标的实现。

在理论基础的构建中,系统理论(System Theory)和复杂性理论(Complexity Theory)扮演了至关重要的角色。软件系统常常被视为复杂适应系统(Complex Adaptive System, CAS),这种视角强调了环境因素对软件信息维护的影响,以及不同组成部分之间的动态交互。因此,在软件维护的理论框架中,采用系统动力学(System Dynamics)模型来分析软件信息维护过程中的反馈环与滞后效应,是一种有效的方法论选择。例如,在维护过程中,用户反馈延迟可能导致缺陷的持续存在,而这一现象通过系统动力学模型得以清晰呈现,帮助开发团队及时做出反应。

进一步探讨,软件信息维护的模型与方法可以归纳为多种形式,其中尤以维度模型(Dimensional Model)和生命周期模型(Lifecycle Model)最为重要。维度模型通过将软件的信息结构分解成若干维度,使得数据的存储与检索更为高效,有助于提升信息系统的维护效率。例如,采用星型模式(Star Schema)来构建数据仓库,不仅提高了查询效率,还能使维护过程中的数据更新变得更加直观与简便。而生命周期模型则强调了软件从规划、开发到维护各个阶段的动态变化,采取瀑布模型(Waterfall Model)或迭代模型(Iterative Model)进行软件维护的路径选择,为整个维护过程提供了时间维度的指导。

在软件信息维护的方法论探讨方面，可以将之细分为行为方法论（Behavioral Methodology）与技术方法论（Technical Methodology）两大类。行为方法论侧重于技术团队内部的协作与沟通，如敏捷开发（Agile Development）中的迭代反馈与持续集成（Continuous Integration, CI），强调通过短周期的开发与维护，不断获取用户反馈，迭代产品。这一方法论的合理性在于，快速响应用户需求能够有效缩短软件维护所需时间与成本，提高用户满意度，相较于传统的开发模式，其优势显而易见。

相对而言，技术方法论更加注重于具体的维护技术与工具的应用，例如代码分析工具（Code Analysis Tools）和自动化测试框架（Automated Testing Frameworks），通过集成这些技术，能够在软件维护过程中实现更高效的缺陷识别与修复。通过数据驱动的方法（Data-Driven Approach），结合统计学习（Statistical Learning）与机器学习（Machine Learning）技术，能够实现自动的缺陷预测与智能化的维护建议，进一步提升软件系统的维护质量与有效性。

计算机软件信息维护的理论基础、模型与方法是一个多维度的复杂体系，融合了系统理论的动态性、模型的结构化、以及方法论的实践性。通过将这些理论和方法有效结合，软件维护的过程能够更加规范、高效及符合工业界的需求，为信息技术（Information Technology, IT）行业的可持续发展提供强有力的支撑。

三、软件信息维护的评估标准

（一）性能指标

计算机软件信息维护的理论基础是构建有效管理体系的基石。软件信息维护不仅涉及上传、下载软件源代码，还包括对版本的控制、缺陷的管理、文档的更新以及用户反馈的整合等。为此，理解并运用相关理论将为提升软件信息维护的效率、减少潜在风险提供支撑。尤其是在快速迭代的敏捷开发环境中，软件维护理论如"软件工程（SE）"、"配置管理（CM）"、"持续集成（CI）"等日益重要。它们不仅提供了科学的维护方法论，还强调了团队协作与信息共享的必要性。例如，"敏捷软件开发（Agile Software Development）"所倡导的短迭代与频繁反馈机制，鼓励团队在维护过程中对用户需求的快速响应,从而降低需求变更对维护工作的冲击。

在软件信息维护的模型与方法中,值得关注的是"生命周期模型(Lifecycle Model)"与"缺陷管理方法(Defect Management Techniques)"。生命周期模型指的是软件在其生命周期中经历的不同阶段,如需求分析、设计、编码、测试和维护等。通过这种模型,开发团队可以对各个阶段的维护活动进行有效管理。在缺陷管理方面,应用"故障树分析(FTA)"和"原因与影响分析(FMEA)"等方法,有助于识别、评估和优先处理软件中的潜在缺陷与问题。具体来说,通过建立缺陷数据库(Defect Database),运用统计分析工具对缺陷数据进行挖掘与分析,能够帮助团队识别频发缺陷的根本原因,进而制定有效的预防措施,减少未来维护的负担。

软件信息维护的评估标准是确保维护活动质量的重要依据。在此领域,关键绩效指标(KPI)作为量化管理指标,成为普遍适用的评估标准。KPI不仅能够衡量软件维护的效率,还能反映软件维护对项目整体成功的贡献。例如,可以通过评估"平均修复时间(MTTR)"、"缺陷发现率(Defect Discovery Rate)"和"版本发布周期(Release Cycle)"等KPI,来对维护活动的效果进行深入分析。研究显示,企业在实施KPI评估时,能够提高维护效率达30%以上,同时减少软件发布延误的风险,从而提高客户满意度。

性能指标作为评估软件信息维护成效的另一重要维度,主要包括"响应时间(Response Time)"、"可用性(Availability)"和"可靠性(Reliability)"等。响应时间是指系统对用户请求的反应速度,直接影响用户体验。可用性则量化了软件在特定时间段内的正常运行时间,而可靠性则衡量了软件在运行过程中出现故障的频率。这些性能指标不仅为维护团队提供了清晰的改进方向,还通过量化分析使得团队可以对比不同维护策略的有效性。例如,通过监控响应时间与可用性之间的关系,可以发现在高负载情况下,优化数据库调用策略可能会显著提升系统性能。

通过量化和系统化的管理,结合技术与理论的深入探讨,计算机软件信息维护可以在不断变化的技术环境中稳步前行,从而确保软件的可持续发展与高效交付。随着技术的进步与需求的变化,未来的研究应进一步探索如何融入新兴技术,如"人工智能(AI)"与"大数据分析(Big Data Analytics)",以提升软件信息维护在复杂环境下的适应性与智能性。

（二）成本效益分析

在探讨计算机软件信息维护的理论基础时，首先需要明确软件信息维护的本质和其在软件生命周期管理中的重要性。软件信息维护是指在软件使用和更新过程中保证其功能、性能和安全性的活动。通过对软件信息维护的理论框架的深入研究，可以发现其包含了多个理论支柱，例如："软件工程（Software Engineering）"的理论、"维护理论（Maintenance Theory）"以及"信息系统理论（Information System Theory）"。其中，软件工程的核心理念强调了软件开发后续工作的必要性，维护理论则专注于维护过程的安排与管理，而信息系统理论则涵盖了信息收集、数据处理和系统反馈的循环过程。

软件信息维护可以使用多种模型与方法进行具体指导。常用的方法包括"版本控制（Version Control）"、"变更管理（Change Management）"和"缺陷管理（Defect Management）"等。在版本控制方面，Git 和 Subversion 等工具的应用显著提高了代码管理的效率，从而为维护提供数据支持。变更管理不仅需要考虑代码层面的变更，还必须兼顾用户需求的变化，通过"敏捷开发方法（Agile Development Methodology）"确保快速响应与灵活适应。缺陷管理则通过"故障树分析（Fault Tree Analysis）"和"根因分析（Root Cause Analysis）"等方法，进一步优化软件的维护策略，从而提升软件的可靠性和可维护性。

在评估软件信息维护的效果时，制定清晰的评估标准是至关重要的。评估标准一般包括"维护成本（Maintenance Cost）"、"维护效率（Maintenance Efficiency）"、"系统可用性（System Availability）"、"用户满意度（User Satisfaction）"等多个维度。通过定量指标和定性指标的结合，可以全方位地评估维护活动的效果。例如，通过计算软件维护所需的总时间，结合程序更新频率，可以有效地衡量维护效率；而通过用户反馈和使用调查，可以制定用户满意度的量化指标。综合这些评估方法，能够科学地反映软件维护的实施效果，为后续的决策提供支持。

成本效益分析作为一种关键框架，为软件信息维护的决策过程提供了理性依据。在此框架下，将维护成本与维护收益进行对比，可以明确维护投资的合理性及其经济价值。成本效益分析模型通常涉及直接成本与间接成本的计算，直接成本包括人力资源、工具与设备的投入，而间接成本则涵盖了因维护所产生的潜在损失。例如，在某企业实施的成本效益分析中，其维护成本被细分为固定成本和变动成本，并通过"成本效益比（Cost-Benefit Ratio）"进行综合比较，发现维护策略的优化能够将维护成本降低至20%，而用户系统稳定性的提升则带来经济效益的增加。

通过对软件信息维护的理论基础、模型与方法、评估标准以及成本效益分析的详细探讨，可以清晰看到在现代软件开发背景下，维护活动的重要性不可低估。成功的软件信息维护不仅能够增加软件的可持续性，还对企业的整体信息系统健康至关重要。因此，在实际应用中，企业应当结合各类先进的维护工具与方法，灵活运用科学的评估标准和经济分析，确保软件的卓越性能与高效管理。

四、软件信息维护的案例分析

（一）成功案例

计算机软件信息维护的理论基础涵盖了对信息系统生命周期的全面理解。信息维护是软件工程领域的重要组成部分，它在软件开发、实施、运维及最终退役的过程中起着至关重要的作用。根据"软件生命周期模型（Software Lifecycle Model）"，软件在设计、开发及更新不同阶段所应用的维护技术和策略具有显著差异。因此，维护的理论基础应立足于不同的软件工程阶段，尤其是面对复杂的动态环境时需采用更为灵活的维护策略。

在进行软件信息维护的过程中，需借助"控制理论（Control Theory）"和"系统论（Systems Theory）"等理论，以确保系统的安全与稳定。这些理论提供了一种对系统行为进行建模与分析的方法，使管理者能够更有效地识别潜在问题并采取相应措施，从而减少维护中可能产生的风险。例如，当软件在新版本更新后发生性能下降时，基于"系统论"的理论框架，管理者可以分析各个子系统之间的相互关系，从而迅速定位故障源。

进一步地，针对软件信息维护的模型与方法，多种技术手段和工具已被广泛应用。其中，"敏捷维护模型（Agile Maintenance Model）"和"瀑布模型（Waterfall Model）"是软件维护领域中常用的两种模型。敏捷维护模型强调了快速响应和持续改进，尤其适合需求快速变化的环境；而瀑布模型则提供了一个结构化的维护流程，适合于需求明确且变更较少的项目。结合案例研究法，每种模型都有其适用的场景。例如，一个金融行业的软件系统在实施敏捷维护时，成功应对了突发的市场变化，利用短期迭代快速上线新功能，最终增加了用户满意度和市场占有率。

当探讨软件信息维护的具体方法时，应当考虑各类方法的优缺点，以及它们在不同维度（如功能性、可维护性、和用户体验等）上的表现。"代码审查（Code Review）"和"单元测试（Unit Testing）"等技术手段不仅用于提升软件质量，也是信息维护的重要组成部分。这类方法可以通过分析工具，识别出潜在的代码缺陷，从而在早期阶段解决问题，降低后期维护成本。企业可以利用"数据挖掘（Data Mining）"和"机器学习（Machine Learning）"等先进方法，对维护过程中的历史数据进行深入分析，发现维护过程中的瓶颈，进而优化流程，提高效率。

在进行软件信息维护的案例分析中，我们可以通过实际案例验证理论与方法的有效性。例如，某大型企业在其客户关系管理（CRM）系统中采用综合性维护策略，结合敏捷方法与自动化测试，成功降低了系统故障发生率。统计显示，在实施新维护策略后的六个月内，系统的故障率降低了30%，用户反馈的满意度提升了15%。这种实证数据充分说明了在实践中应用有效的维护模型与方法的重要性。

成功案例不仅依赖于理论模型的选择，更关键在于在具体实施中对成功因素的分析与把握。根据成功因素分析框架，可以识别出影响软件信息维护成功的诸多因素，例如，团队协作、技术选型、管理支持及用户参与度等。各因素之间的相互作用往往决定了维护的最终效果。针对前述的CRM案例，团队的密切协作与管理层的全力支持被认为是成功的关键因素，这也进一步表明了在软件信息维护领域拥有一个高效团队的重要性。

计算机软件信息维护涉及多个理论基础和方法，是一个系统性强且复杂的任务。通过对理论和实践的结合，企业能够在面对不断变化的市场环境时，实施恰当的维护策略，从而确保其软件系统的稳定性和持续改进。

(二)失败案例

在探讨"计算机软件信息维护的理论基础"时,首先需要建立对软件信息维护(Software Information Maintenance, SIM)基本概念的理解。软件信息维护的核心在于对现有软件系统进行持续监控、评估以及更新,这不仅涉及到代码的修复与重新编译,还包括对软件文档的更新、用户反馈的收集以及技术支持服务的优化。综合现有文献与理论,我将软件信息维护视为一个动态过程,强调在保持软件质量的同时,对软件生命周期各个阶段的细致分析与管理。

在模型与方法层面,反思性分析模型(Reflective Analysis Model, RAM)提供了一种有效的方法论框架。此模型强调持续反馈机制及迭代式优化过程,通过软件使用中的实时数据,开发团队能够有效识别出潜在问题并快速反应。例如,在一家大型金融机构实施的银行管理软件中,开发者应用了反思性分析模型,通过分析用户的行为数据及系统反馈,及时调整软件的功能设置,从而提高了用户满意度和系统的有效性。这种模式不仅促进了软件功能适配,还提升了资源的利用效率,展示了理论基础与实际应用的紧密结合。

在软件信息维护的案例分析中,数据分析的重要性不容忽视。通过运用统计学(Statistics)与用户体验分析(User Experience Research, UXR),开发团队可以获得有关软件性能和用户互动的深度见解,从而优化更新策略。例如,某企业在对一款CRM(Customer Relationship Management)系统进行维护时,依靠数据挖掘技术,分析了大量用户反馈和使用数据,发现某一功能长期未被使用,并且其存在的设计对用户造成了混淆。通过数据驱动的决策过程,开发团队迅速调整了功能设计与界面布局,并实施相应的用户教育措施,最终显著提高了软件的使用率和用户满意度。

然而,在软件信息维护的过程中,失败案例的分析尤为关键。失败原因分析模型(Failure Cause Analysis Model, FCAM)能够有效帮助开发团队识别软件失败的根本原因,进而调整其维护策略和长期规划。举例来说,一家科技公司在推出一款新型协作软件后遭遇广泛的用户流失,其根本问题在于忽视了用户需求的动态性与复杂性。后续调查发现,软件未能适应快速变化的工作环境，而现有的技术支持体系未能有效解决用户在使用中的具体问题。这一案例表明，过于依赖静态的用户研究和反馈可能导致决策失误，因此在软件维护过程中必须融入动态反馈与持续适应策略。

通过对计算机软件信息维护的理论基础、模型与方法，以及案例分析的深入探讨，我们能够更全面地理解在复杂技术环境中软件维护的多维特性。同时，失败案例的分析提醒我们重视潜在风险，灵活应对变化，持续优化管理流程。未来的研究应当进一步聚焦于如何借助新兴技术，如人工智能（Artificial Intelligence, AI）与机器学习（Machine Learning, ML），提升软件信息维护的智能化、自动化水平，从而为软件的持续发展提供更强有力的支持。这不仅有助于软件质量的提升，也能够在业务运营中创造更多的价值，确保软件解决方案的长期可持续性。

第二章 信息管理系统架构与技术方法

第一节 信息管理系统概述

一、信息管理系统的定义与作用

信息管理系统作为现代企业信息化建设的中心环节,其架构与技术方法的设计与实施直接影响了信息流的高效管理与资源的优化配置。从"信息管理系统(Information Management System, IMS)"的定义而言,信息管理系统是一个集合了数据采集、存储、处理及输出的综合性平台,其主要功能在于支持信息的有效利用,以实现企业的决策支持和策略执行。

在系统架构方面,信息管理系统通常采用"分层架构(Layered Architecture)",该架构通过将功能划分为多个层次,有利于模块化开发与维护。同时,技术方法的选择至关重要,常见的方式包括"大数据分析(Big Data Analytics)"、"云计算(Cloud Computing)"及"机器学习(Machine Learning)"等。这些技术为大量数据的实时处理与分析提供了支持,同时提升了系统的灵活性与扩展性。以云计算为例,该技术通过将资源虚拟化,实现了信息资源的弹性调度与按需使用,降低了企业的信息化成本。在这一过程中,"数据治理(Data Governance)"作为一种管理方法,确保了数据质量和数据安全的同时,促进了信息的有效流转。

在探讨信息管理系统的定义与作用时,有必要强调其在现代企业管理中的重要性。信息管理系统不仅是数据的存储库,更是企业决策的信息支持系统。研究表明,企业在掌握信息资源的基础上,能在市场竞争中占据优势。以某大型制造企业为例,通过实施信息管理系统,该企业成功整合了供应链的各个环节,最终实现了生产效率的显著提升和运营成本的降低。此案例表明,信息管理系统在整合资源、提高运营效率方面的积极作用,不仅体现在管理层面,更直接影响了企业的经济效益。

进一步来说，若采用"SWOT 分析法（SWOT Analysis）"对信息管理系统进行深入剖析，可以从优势（Strengths）、劣势（Weaknesses）、机会（Opportunities）和威胁（Threats）四个维度展开。在优势方面，信息管理系统能够提供实时数据分析，帮助企业快速响应市场变化，这对于保持竞争力至关重要。在劣势方面，高投入的技术成本以及专业技术人才的短缺可能导致系统实施过程中的障碍。面对的机会包括数字化转型带来的挑战与机遇，企业可以借助信息管理系统实现跨界整合与资源共享。而在威胁层面，伴随着信息安全问题的日益突出，企业需投入更多资源于数据安全及隐私保护方面。

信息管理系统的架构与技术方法密切关系着企业的运营效率及市场响应速度。通过对信息管理系统的深入探讨，我们看到其不仅仅是一个技术平台，而是一种促进企业全面管理与优化决策的有效工具。因此，企业在构建信息管理系统时，不仅应关注系统的技术实现，也应结合自身的战略目标与实际需求进行系统性的思考与规划，以确保信息管理系统能够在复杂多变的商业环境中发挥最大效能。

二、信息管理系统的基本构成

（一）硬件环境

在现代信息社会中，信息管理系统（Information Management System, IMS）的架构设计与技术方法至关重要，其有效性直接影响到组织的信息流动性与数据的利用效率。信息管理系统的架构一般可以被视为一种综合性的硬件架构模型（Hardware Architecture Model），需要在设计时考虑数据存储、处理能力、网络通信等多方面的技术要素，以确保系统的高效性与可靠性。

从信息管理系统的整体构成来看，它通常由多个层级的组件构成，包括数据源层、应用层和用户层。数据源层负责数据的采集与初步处理，应用层则包括各种管理工具与软件应用，用户层则代表使用系统的最终用户群体。各层之间通过标准化的接口实现数据的交换与业务的协同，尤其需要强调的是，数据源层的硬件配备与应用层的软件优化息息相关，如采用高性能的服务器与高速存储设备，可以极大提高数据处理的实时性与准确性。

在技术方法的选取上，应侧重于先进的硬件架构与信息处理技术。当前流行的云计算技术（Cloud Computing）和边缘计算（Edge Computing）使得信息管理系统可以在分布式环境中运行，提高了资源的利用率与系统的灵活性。例如，通过将数据存储在云端，用户可以随时随地访问数据，同时借助云服务提供的弹性计算能力，可以根据需求动态调整计算资源，避免了传统硬件架构中资源闲置的问题。

进一步分析信息管理系统的基本构成，可以明确硬件环境在整体架构中的重要性。一个高效的信息管理系统应当依赖于性能优越的硬件配置，这包括但不限于高性能处理器（Processor）、大容量内存（RAM）、快速的固态硬盘（SSD）以及稳定的网络设备（Network Devices）。这些硬件的协同作用能够确保数据的快速传输与处理，进而提升信息管理的整体效率。如在某医疗信息管理系统的案例中，系统引入了高性能计算节点与先进的网络交换设备，最终实现了实时数据分析与决策支持，大幅提高了医院运营效率。

同时，关于数据的安全性与可靠性，硬件环境的选择也不容忽视。采用分布式存储技术可提高数据的持久性，抵御单点故障带来的影响。例如，在执行数据备份与还原操作时，分布式文件系统（Distributed File System, DFS）通过数据冗余存储降低了数据丢失的风险。这样的设计思路在大型企业的信息管理中尤为常见，它们通过构建私有云或混合云环境，结合本地硬件与云端服务的优势，确保数据安全与业务连续性。

在信息管理系统的构建过程中，系统集成的复杂性要求对技术方案进行全面评估。为此，可以借助系统集成方法论（System Integration Methodology），通过阶段性验证及评估，确保各个硬件组件能够无缝对接，并满足系统的功能需求。例如，在电信行业的信息管理系统项目中，采用了模块化设计（Modular Design），各个模块独立开发与测试，随后集成到中央控制系统，大大降低了整体项目实施风险的同时，也提升了后期维护的灵活性。

信息管理系统的架构与技术方法的选择过程是一个系统性的工程，需要从理论与实践的双重视角出发，综合考虑硬件与软件的协调性、数据的完整性以及系统的可扩展性。在这一过程中，硬件架构模型（Hardware Architecture Model）将提供了必要的支撑，帮助研究人员与实际应用者共同推动信息管理技术的进步与发展。

(二) 软件环境

在现代信息管理领域，信息管理系统（Information Management System, IMS）作为实现高效数据处理与信息维护的关键工具，其架构与技术方法显得尤为重要。信息管理系统的设计不仅涉及数据存储与检索的基本功能，更需综合考虑用户需求、系统稳定性以及未来扩展性等多方面因素，将其架构视作一项系统工程。

信息管理系统通常由多层结构构成，这种层次化的设计能够有效地将不同的功能模块分开，从而实现逻辑上的清晰分工。在现代信息管理系统中，常见的软件架构模型包括三层架构（Three-tier Architecture）、微服务架构（Microservices Architecture）以及事件驱动架构（Event-driven Architecture）。例如，在采用三层架构的 IMS 中，用户界面（Presentation Layer）、业务逻辑（Business Logic Layer）和数据访问层（Data Access Layer）之间通过明确的接口进行通信，形成相对独立的模块，从而促进了系统的可维护性与可扩展性。这种结构的优势在于，若某一层需要维护或升级，并不会对其他层造成直接影响，有利于实现系统的持续优化。

现代信息管理系统的基本构成可以归纳为多个关键组件，主要包括数据采集模块（Data Acquisition Module）、数据处理模块（Data Processing Module）和数据展示模块（Data Presentation Module）。数据采集模块负责从各种数据源中获取信息，并对数据进行初步预处理，以确保数据的准确性与完整性；数据处理模块则应用数据分析技术，如数据挖掘（Data Mining）与机器学习（Machine Learning），对收集的数据进行深入分析，以提取有价值的信息；数据展示模块则通过信息可视化技术（Data Visualization Techniques）将分析结果清晰、直观地呈现给用户，促进决策过程的效率。

在软件环境方面，信息管理系统的构建离不开一个稳定而高效的技术基础。数据库管理系统（Database Management System, DBMS）是信息管理系统中不可或缺的一部分，其负责数据的存储、检索与管理。常见的 DBMS 如关系型数据库（Relational Database）和非关系型数据库（NoSQL Database）各有优缺点，前者在数据一致性与完整性方面表现优异，而后者则在处理大规模数据时展现出良好的横向扩展能力。信息管理系统的应用程序接口

（Application Programming Interfaces, APIs）同样起着重要作用，使得不同系统、服务之间能够高效地进行数据交互与整合。

进一步引用具体案例以论证上述观点，某大型企业在构建其信息管理系统时，选用微服务架构以提升系统的灵活性。通过将传统单体应用拆分为多个独立的微服务，企业能够独立地进行服务的开发与部署，大大减少了系统上线的周期。同时，采用 Kubernetes 等容器编排技术，企业实现了微服务的自动化管理，从而在资源的使用上更为高效。数据处理过程通过引入 Apache Spark 等分布式计算框架，对大规模数据进行了实时分析，极大提高了数据处理的效率及准确性。

信息管理系统的架构与技术方法是一个多层次、多维度的系统，这一领域的持续发展离不开对软件架构模式的深入理解与应用。通过合理的系统设计与强大的技术支撑，信息管理系统能够在保障数据安全及使用效率的基础上，为各类组织提供强大的信息管理能力，从而推动其数字化转型与智能化升级。

三、信息管理系统的架构类型

（一）单一架构

信息管理系统在现代信息化环境中扮演着至关重要的角色，其架构设计与技术方法直接影响着系统的性能、可维护性和扩展性。尤其是在多种信息流动及数据处理需求交织的背景下，信息管理系统的单一架构成为一种被广泛采用的设计理念。单一架构设计模型（Monolithic Architecture Design Model）强调系统各个组件之间的高度耦合与整合，这种方法虽然在实现初期具备一定的开发简易性及维护便利性，但其在大规模应用中的局限性和潜在风险也逐渐显露，亟待深入探讨与分析。

单一架构的基本特征在于其将所有功能模块集成于同一代码基底中，这种设计不仅简化了系统的初步构建流程，也使得系统的部署与版本控制相对直观，如许多企业的客户关系管理系统（CRM）便采用了这种一体化架构。然而，这样的设计模式也带来了难以忽视的问题，即系统的整体脆弱性与功能扩展的困难。国产某大型企业的实例便印证了这一点，早期基于单一架构开发的信息系统面对日益增加的业务需求，升级与优化变得愈加无效，最终不得不面临系统重构的巨大项目，造成了时间和经济成本的显著损失。

根据不同的研究表明，采用单一架构的管理系统在性能方面难以保持可扩展性。随着用户数量的提升及数据存储需求的增加，该架构往往面临负载能力的瓶颈。以用户访问量较大的在线购物平台为例，传统单一架构一旦遭遇突发流量，系统可能会出现延迟，甚至影响用户的正常使用体验。为此，引入一系列基于性能监测与负载均衡的技术方法成为了不可或缺的研究方向，通过集成分析工具对系统组件的运行状态进行实时监测，从而为潜在性能问题提供数据支持与前瞻性预警。

单一架构在安全性方面同样存在较大隐患。数据集中管理意味着一旦某个组件出现安全漏洞，整个系统的安全性均受到威胁。因此，引入多层次的安全措施，例如数据加密（Data Encryption）、访问控制（Access Control）与身份验证（Authentication）等，成为保障系统整体安全性的关键。这些技术方法不仅能够降低单一架构下信息泄露的风险，还能提升系统在潜在攻击下的应对能力。例如，采用基于角色的访问控制（Role-Based Access Control, RBAC）机制来管理用户权限，从根本上减小了系统受到攻击时数据损失的概率。

尽管单一架构在信息管理系统中的应用具备一定优势，但其潜在的性能瓶颈和安全风险不容忽视。在当前信息管理技术不断发展的背景下，未来可能需要结合微服务架构（Microservices Architecture）与容器化技术（Containerization）等新兴设计理念，以期在保证系统集成度的同时，提升灵活性与安全性。通过明确系统架构的不足，并结合适当的技术方法与框架，信息管理系统的设计与维护将在不断迭代中趋于完美，为满足多样化与复杂化的数据处理需求奠定基础。只有如此，企业才能在信息科技高速发展的浪潮中，占据一席之地，实现可持续发展。

（二）分层架构

在信息管理系统的研究中，系统架构的设计与实施是至关重要的，因为这直接影响到信息的流通、处理以及管理效率。从技术角度来看，信息管理系统的构建不仅涵盖了硬件和软件的选型，还涉及到数据流动和用户交互的方式。因此，利用"分层架构分析框架（Layered Architecture Analysis Framework）"能够为信息管理系统提供深刻的理论基础，并为不同层级的功能实现提供规范的指导。

信息管理系统的基础在于其架构设计，良好的架构设计能够确保系统的可扩展性、可维护性和可重用性。在具体架构类型的分类中，我们常常识别出几个关键的层级，其中包含用户层、应用层和数据层等。用户层负责与最终用户的交互，而应用层则包含业务逻辑和规则，数据层则负责持久性数据的存储与管理。通过这种分层的设计，系统的复杂性得以有效地管理和控制。例如，在一个典型的企业资源规划（ERP）系统中，用户层可以根据不同角色（如管理者、员工等）展示不同的界面和功能，充分支持功能的灵活性和用户的个性化需求。

进一步探讨分层架构的每一层，用户层（User Layer）是最上层，负责向用户传递信息并接受用户输入。为了优化用户体验，该层通常选用响应式设计，从而适应不同终端设备的访问需求。应用层（Application Layer）则是整个系统的核心，承担着数据处理逻辑以及用户请求的响应，通常使用"微服务架构（Microservices Architecture）"以提高系统的可扩展性和灵活性。具体而言，微服务架构允许各个服务独立开发和部署，从而增强了系统的容错性和管理的便捷性。

数据层（Data Layer）的架构设计同样不可忽视，该层应当确保数据的一致性、完整性及安全性。为了满足高并发低延迟的需求，现代信息管理系统往往采用多种数据库管理技术，如"分布式数据库系统（Distributed Database Systems）"和"内存数据库（In-Memory Database）"等。在具体应用案例分析中，某大型电商平台在一促销活动期间，利用内存数据库提高了用户查询的响应速度，从而有效降低了购物车放弃率并提升了销售额，这充分展示了分层架构在实际应用中的巨大价值。

采用"分层架构分析框架（Layered Architecture Analysis Framework）"还可以指导信息管理系统在技术选型过程中的决策。例如，在选择编程语言和开发工具时，设计团队能根据分层架构的要求，优先选择那些对分层进行良好支持的框架，如"Spring 框架（Spring Framework）"及"Django 框架（Django Framework）"。这样的选择不仅提高了开发速度，也简化了整体架构的维护工作。

分层架构的优势还体现在组合与解耦，开发团队可以在不影响其他层的情况下优化或更换某一特定层的实现。例如，通过采用"容器化技术（Containerization Technology）"，将应用层的各个微服务封装在独立的容器中，使得它们能够相互独立地进行开发和测试，极大地提升了开发的灵活性和部署的效率。这一策略已被许多企业在信息管理系统的微服务架构中广泛采用，结果证明有效降低了系统升级过程中的风险。

信息管理系统的设计与实现必须考虑到分层架构这一基本原则，其在结构上的划分和技术上的灵活选型，不仅提高了系统的功能性与可维护性，而且为未来的扩展和升级提供了保障。通过持续的技术创新与合理的架构设计，可以打造出高效率、高可靠性的信息管理系统，从而助力企业信息化进程的深入发展。

四、信息管理系统的技术方法

（一）数据采集与输入技术

信息管理系统（Information Management System，IMS）在现代信息化社会中扮演着不可或缺的角色。随着组织在数据管理、流程优化和决策支持方面的需求日益增加，了解其架构和技术方法显得尤为重要。信息管理系统不仅是信息处理的基础平台，还涉及信息的生成、存储、检索和共享等多个环节，为企业在信息技术（Information Technology，IT）的转型过程中提供了坚实的支撑。

信息管理系统的架构通常由多个层面构成，包括数据层、应用层和用户层。在数据层，该系统需有效地组织和存储数据库（Database，DB）中的信息，确保数据的一致性和完整性，以支持实时查询和数据分析。在应用层，系统结合 CRUD（Create，Read，Update，Delete）操作，实现对数据的有效管理和业务逻辑的执行。用户层则是最终用户与系统交互的界面，设计良好的用户界面（User Interface，UI）能够提升用户体验（User Experience，UX），进而促进信息系统的使用效率。

在技术方法方面，信息管理系统运用多种先进的技术手段，例如关系数据库管理系统（Relational Database Management System，RDBMS）、大数据技术（Big Data Technology）及云计算（Cloud Computing）。以 RDBMS 为例，它通过结构化查询语言（Structured Query Language，SQL）来操作数据，这一操作的高效性和灵活性使得数据管理工作更为简便。与此同时，为了应对海量数据的处理需求，大数据技术使得信息管理系统能够处理非结构化数据，并整合多源数据，提高系统的决策支持能力。

数据采集与输入技术是信息管理系统中的关键因素，影响着数据质量和系统性能。在这一过程中，数据采集技术（Data Collection Technology）显得尤为重要。不同的数据采集技术具有各自的特点和适用场景，例如传感器网络（Sensor Networks）常用于实时数据收集；问卷调查（Surveys）则适用于获取用户反馈和行为数据。考虑到大数据环境下的多样性，应用组合式数据采集技术有助于增强信息管理系统的覆盖面与准确性。例如，结合社交媒体监测（Social Media Monitoring）和网络爬虫（Web Crawling）技术，在营销和用户研究领域能够获取更加全面的用户行为数据。

数据流图（Data Flow Diagram，DFD）作为一种重要的数据表示与分析工具，在信息管理系统的数据采集过程中发挥着重要作用。DFD 通过对数据流向、处理过程及储存方式的清晰标识，为信息管理系统设计提供了明确的视觉导向。通过对 DFD 的构建与分析，开发者能够识别出数据处理中的关键环节，从而优化数据库结构和数据处理流程。这不仅能够提高系统的数据处理效率，还能增强系统整体的安全性与可靠性。

信息管理系统的架构与技术方法紧密结合，形成了一个复杂而高效的生态体系。随着数据技术的不断发展，未来的信息管理系统需要继续整合最新的技术手段，并严密监控数据的采集与处理流程，以适应快速变化的市场需求与用户期望。同时，根据数据流图等分析工具的应用，信息管理系统的设计和优化将变得更加科学和系统，为组织的决策提供切实可行的支持。通过持续的技术创新和理念更新，信息管理系统将能够更好地应对未来的挑战，推动智能信息管理的进程。

（二）数据存储与管理技术

信息管理系统作为现代企业运营中不可或缺的一部分，其架构与技术方法不仅直接关系到信息的组织和流通，也对企业决策支持系统（Decision Support System, DSS）协同工作起着关键作用。有效的信息管理系统通常采用模块化设计（Modular Design），使其架构在逻辑上更为清晰并便于扩展。通过运用"数据库设计范式"（Database Design Paradigm），实现数据的规范化存储，以降低数据冗余（Data Redundancy）并提高数据一致性，同时确保信息的高可用性和完整性。

在信息管理系统技术方法方面，主流技术如关系数据库管理系统（Relational Database Management System, RDBMS）与NoSQL技术渐行渐近。这些技术的选择往往受制于数据的特性和应用场景。例如，对于结构化数据（Structured Data）的存储与管理，关系数据库以其标准化语言SQL（Structured Query Language）提供了卓越的事务一致性和数据完整性保障。而在面对海量非结构化数据（Unstructured Data）时，NoSQL技术凭借其灵活的数据模型和高扩展性，使得信息管理能够适应动态变化的业务需求，这在大数据（Big Data）和云计算（Cloud Computing）场景中尤为显著。

进一步分析数据存储与管理技术时，可以发现当前信息技术（Information Technology, IT）的发展呈现出一种融合的趋势。例如，云存储（Cloud Storage）作为一种新兴的数据存储方法，不仅满足了海量数据的存储需求，也通过分布式存储结构（Distributed Storage Structure）提升了系统的可靠性。同时，结合数据加密技术（Data Encryption Technology）与权限管理（Access Control），云存储有效解决了数据安全性问题，为信息管理系统奠定了坚实的基础。

在实施信息管理系统时，采用规范化数据模型（Normalized Data Model）能显著降低数据的冗余，同时提高查询效率。通过基于"数据库设计范式"的存储管理技术框架，有助于建立高效的存储机制。例如，一项针对某企业的信息管理系统的案例研究表明，实施三范式（Third Normal Form）后，企业在数据检索时响应时间大幅降低，且报告生成效率提升40%。这一数据支持进一步验证了通过理性设计架构与存储技术实现高效信息管理的重要性。

信息管理系统的关键在于确保数据的可追溯性与可管理性。为此，采用版本控制（Version Control）及审计策略（Audit Strategy）的技术方案，将有助于企业在监测数据变更过程中保持持续合规（Continuous Compliance）。例如，某大型金融机构通过引入框架化的审计技术，不仅提升了其合规性，还使得其数据管理过程更加透明，这为应对监管要求提供了有效支持。

信息管理系统的架构与技术方法需要紧密结合企业的实际需求，适应快速变化的商业环境。通过融合不同的数据存储技术与管理策略，企业不仅能够实现信息的高效管理，还能为决策提供精确的数据依据。尽管信息管理系统面临着日益增加的挑战，但通过不断优化其技术架构与管理方法，企业依然能够在激烈的市场竞争中保持领先地位，充分发挥信息资产的价值。

五、信息管理系统的功能模块

（一）用户管理模块

信息管理系统（Information Management System, IMS）作为计算机软件信息维护和管理过程中不可或缺的组成部分，肩负着数据收集、存储、处理与分析等多重任务。其架构通常涵盖多个层次，包括前端用户界面、后端数据处理层，以及数据库管理系统（Database Management System, DBMS），这些层次之间通过 API（应用程序接口）和中间件进行连接与交互。在现代信息管理系统中，架构的灵活性与可扩展性是确保系统能够适应快速变化的业务需求和数据环境的核心所在。

从技术方法角度分析，信息管理系统的实施通常依赖于一系列先进的技术手段，如云计算技术（Cloud Computing）、大数据分析（Big Data Analytics）以及人工智能（Artificial Intelligence, AI）。这些技术不仅提高了数据处理的效率，还增强了系统的智能化水平。例如，通过引入机器学习（Machine Learning, ML）算法，信息管理系统能够对用户行为进行深入分析，从而预测潜在需求并提供个性化服务。在用户管理模块（User Management Module）内，通过对用户数据进行建模，可以建立用户画像，为进一步的用户细分及精准营销奠定基础。

信息管理系统的功能模块通常包括数据输入、数据存储、数据检索和数据分析等。其中，数据输入模块负责从各类数据源（如传感器、手动录入等）采集数据，数据存储模块则将这些数据安全存储于数据库中，以便后续检索与分析。检索功能允许用户以多种方式快速获取所需信息，而数据分析模块则利用数据挖掘（Data Mining）技术提取有价值的信息。这一系列功能的协同作用，使得信息管理系统在企业决策、资源配置及市场分析等方面发挥着至关重要的作用。

在用户管理模块中，采用用户故事（User Stories）与用例（Use Cases）建模作为分析工具之一，能够为系统设计提供清晰的需求描述与功能定义。用户故事通过简洁明了的语言概括用户需求，使开发团队能准确理解用户的期望；而用例则展示了用户和系统之间的具体交互，帮助确认系统的功能是否能够满足实际操作中的需求。这种建模方式，不仅提高了系统开发的针对性和有效性，也确保了最终交付的系统能够有效支持用户操作。

通过上述分析，我们可以看出，信息管理系统架构及其技术方法的选择，是影响系统性能与效率的关键因素。在实现用户管理框架时，建议通过多层次的需求分析，不仅要从技术角度评估系统的可行性，还需整合用户的实际使用反馈，以便不断迭代与优化。通过案例分析，例如某知名企业在信息管理系统改进过程中，通过应用先进的云计算与大数据技术，实现了数据处理效率提升30%，并在用户满意度调查中显示出明显的改善，这一成果进一步印证了信息管理系统架构与技术方法的重要性。

信息管理系统的设计与实施需要系统考虑多方面的因素，包括架构设计、技术选型及用户需求的综合分析。借助科学的研究方法和数据支持，我们能够深入探讨信息管理系统的各个功能模块，尤其是用户管理模块的复杂性与灵活性，确保其在满足当前需求的同时，具有良好的适应性与可升级性。这一综合性研究为未来信息管理领域的发展方向提供了有价值的参考依据，也为相关技术的应用提供了实践基础。

（二）信息录入模块

在当今数字化时代，信息管理系统作为企业和组织内部信息流通与管理的核心机制，其架构设计和技术方法的选择至关重要。为确保信息的高效管理和维护，有必要深入探讨信息录入模块的重要性以及其相关的分析工具与框架。

信息管理系统是由若干功能模块构成的综合体系，其架构设计应充分考虑各模块之间的有机整合与数据交互。信息录入模块作为信息管理系统的基础部分，承担着原始数据信息采集的功能。其设计不仅涉及用户界面的友好性与操作的便捷性，更需要依托于特定的信息录入方法分析（Information Input Method Analysis）来优化用户体验。通过恰当的输入方法，可以显著降低用户的误操作率，提高信息录入的准确性与效率。例如，实施自动化数据录入技术，如光学字符识别（OCR）与智能表格填充技术，能够有效提升数据录入的效率，并为进一步的数据分析打下坚实基础。

在此基础上，信息管理系统的功能模块不仅应包括信息录入模块，还需扩展至数据存储、数据处理与数据分析等方面。这些功能模块的有效协同，共同构成了信息管理系统的核心价值。具体而言，数据存储模块负责将录入的信息系统化与结构化，常见的存储技术包括关系型数据库管理系统（RDBMS）、非关系型数据库（NoSQL）等，而数据处理与分析模块则利用统计分析、数据挖掘等高级技术对数据进行深度分析，提供决策支持。

接下来的重点是信息录入模块的具体构建与实现。在用户界面设计中，必须遵循"简洁性（Simplicity）"、"一致性（Consistency）"及"可访问性（Accessibility）"等基本设计原理，以确保用户能够快速适应系统，加快信息录入的速度。同时，信息的可追溯性也是设计优化的重要考虑因素，用户在录入过程中应能够清晰了解输入历史与信息修改记录，这一设计不仅提高了数据的透明度，也为后续的数据审计提供了依据。

在选择具体的输入方法时，需结合不同组织的业务特点与用户需求。常见的输入方式包括键盘输入、语音识别以及移动端的触控输入等。对比各种输入方式，不同情境下的输入效率也有所不同，例如在高流动性环境中，语音识别技术能够有效减少录入障碍，从而优化数据采集的及时性。然而，语音识别在背景噪声较大的环境下可能效能降低，因此，选择合适的录入方式需综合考虑环境因素与技术适用性。

信息录入模块的有效性还依赖于相应的培训与支持策略。通过对用户进行系统化培训，确保其熟悉各种输入工具与方法，能够进一步增强信息系统的整体效能。建立反馈机制，定期收集用户意见，以调整和优化录入流程，确保信息录入模块始终保持高效、可靠的运行状态。

信息管理系统架构与技术方法中的信息录入模块是系统全局性能的重

要组成部分。通过对信息录入方法的深入分析与优化，不仅提升了数据录入的效率和准确性，为信息管理系统的其他功能模块提供了强有力的支持，也为组织的整体信息流转与决策能力的提升奠定了坚实基础。

第二节 信息管理系统的设计原则

一、可用性原则

（一）界面友好性

在当今信息化高度发展的背景下，信息管理系统的架构与技术方法不仅是提升计算机软件信息维护及管理效率的关键，更是现代企业实现数字化转型的重要基石。信息管理系统架构的设计应当综合考虑企业的实际需求与发展目标，从而形成一个灵活、高效且可扩展的系统。其核心组成部分包括数据存储层、应用层与用户界面层，三者之间的有机结合构成了完整的信息管理系统架构。在此架构中，数据存储层通常涉及多种数据库技术，如关系型数据库（Relational Database, RDB）与非关系型数据库（NoSQL），而应用层则可能运用多种开发框架及技术栈，如 Spring Framework 与 Node.js 等，以确保系统的功能需求得到高效实现。而用户界面的设计则直接影响用户的操作体验及系统的可用性。

在信息管理系统的设计中，遵循一定的设计原则至关重要。系统应具备模块化设计（Modular Design）的特点，促进系统的各个组件之间的独立性与互操作性。设计应以用户为中心（User-Centered Design），在满足技术可行性的同时，最大程度地考虑使用者的需求。安全性原则（Security Principle）与数据隐私保护也是设计过程中的重要考量，确保用户数据的安全性与合法性。通过综合运用这些设计原则，信息管理系统可以有效提高用户的工作效率，促使决策过程的科学化与精准化。

在可用性原则（Usability Principle）方面，信息管理系统必须具备高度的可用性特征，以确保用户在进行操作时，能快速理解和掌握系统功能。根据相关研究，用户可用性的测量常常采用系统可用性量表（System Usability

Scale, SUS）等评估工具，以客观量化系统的用户体验。系统的学习代价（Learning Cost）与操作效率（Operating Efficiency）也应当通过持续的用户测试与反馈机制而得以优化。例如，通过应用用户友好界面评估模型（User-Friendly Interface Evaluation Model）可以系统性地评估并改进界面设计，从而提升整体系统的可使用性与用户满意度。

在界面友好性（User-Friendly Interface）方面，设计需要强调直观性与一致性。直观的界面使得用户能够快速理解操作步骤，减少学习时间，同时，一致性可增强用户的操作信任感。例如，在设计信息管理系统时，采用统一的图标系统与布局结构，不仅可以提高系统的整体美观性，还有助于用户在不同模块间的流畅切换。同时，信息反馈机制，如操作确认与提示信息的即时反馈，亦必不可少，通过增强用户与系统之间的交互，降低操作错误率。在界面布局设计中，需采用层次结构（Hierarchical Structure）来清晰展示信息与功能，确保用户在复杂信息环境中依然能高效找到所需资源。

信息管理系统的架构与技术方法以及设计原则对实现高效的信息维护与管理具有重要意义。通过综合设计原则、可用性原则及界面友好性，系统不仅可以提高用户的操作效率，更能够在信息管理的整个生命周期内提供卓越的用户体验。未来的研究可进一步探索机器学习（Machine Learning）技术在信息管理系统中的应用，以实现更加智能的信息维护与管理功能，从而推动企业在数字化新时代中的稳步发展。

(二) 操作简便性

在信息时代，信息管理系统架构的有效设计及其相应技术方法是实现计算机软件信息维护的关键环节。从架构层面来看，信息管理系统的核心应当是关注数据的集成性、可扩展性与安全性。数据集成性意味着系统能够有效地整合不同来源的数据，如"数据库管理系统（DBMS）"和"云存储（Cloud Storage）"的无缝连接，有助于促进数据流动与信息共享。系统的可扩展性使得在数据量增长或业务需求变化的情况下，能够动态调整资源配置，从而避免因结构堆积带来的性能下降。

安全性作为信息管理系统架构的重要组成部分，必须在设计之初就考虑周全，尤其是在应对潜在的数据泄露与信息篡改等挑战时。实施"数据加密技术（Data Encryption Technology）"与"访问控制机制（Access Control Mechanism）"，不仅可以保护用户敏感信息不被恶意攻击，同时也增强了系统整体的稳定性和信任度。通过结合业界最佳实践，确保系统架构具备良好的适应性与韧性，能够及时应对快速变化的技术环境。

进一步深入探讨信息管理系统的设计原则，无疑，用户体验（User Experience）设计过程是不可或缺的部分。在这一过程中，设计原则应首先设定在实用性的基础上。这意味着所开发的系统不仅要符合用户的基本功能需求，还需实施"敏捷开发（Agile Development）"与"持续反馈（Continuous Feedback）"机制，确保产品在设计与实施阶段都能灵活应对用户的实际要求。根据多个案例分析，如"Dropbox"和"Trello"，这些企业在产品迭代过程中实现了用户反馈的及时转化，进而提升了用户满意度与使用频率。

可用性原则则在信息管理系统的设计过程中扮演着核心角色。为确保用户能够轻松有效地与系统交互，设计者应充分运用"可用性测试（Usability Testing）"和"用户行为分析（User Behavior Analysis）"工具。通过对用户操作模式进行系统分析，可以识别出可能存在的交互障碍和界面设计缺陷，从而进行针对性的优化。例如，"Amazon"通过分析用户购物流程中的痛点，精确优化了购物车功能，极大地提升了用户的操作舒适度与购物效率。因此，在设计初期，使用"操作简便性评估框架（Ease of Use Evaluation Framework）"的调研和评估，将有助于早期发现并解决用户在使用过程中可能面临的困难。

操作简便性不仅要体现在用户界面的设计上，更在于整体系统的功能逻辑设计。当用户能够自然地完成任务，且无须经过复杂的操作流程，这种"直观性（Intuitiveness）"极大地提升了系统的可用性。在现代信息管理系统中，采用"模块化设计（Modular Design）"理念，将不同功能模块进行合理划分，使得用户可以针对其特定需求进行选择与组合，增强了系统的灵活性。

为了持续改进和优化信息管理系统的操作简便性，系统需要具备一定的自学习能力。例如，通过集成"机器学习算法（Machine Learning Algorithms）"，系统能够在用户的使用习惯中不断调整自身界面及功能布局，提供个性化的交互体验。信息管理系统架构及技术方法的设计应遵循可用性原则和操作简便性要求,这将直接影响用户的体验与系统的整体效能。研究与实践表明,只有采用符合用户心理模型的设计理念,才能确保信息管理系统在满足功能需求的同时,提供优异的用户体验,最终实现信息维护与管理的高效性与可靠性。

二、可扩展性原则

(一)模块化设计

在信息管理系统架构的构建过程中,模块化设计原则起到了至关重要的作用。模块化设计(Modular Design)指的是将复杂系统划分为多个相对独立的模块,这些模块通过明确定义的接口进行交互,从而增强系统的可管理性和可维护性。根据《模块化设计评估工具》(Modular Design Evaluation Tool),我们可以评估模块化设计的有效性,并确保系统在可扩展性与灵活性方面的优越表现。

在信息管理系统的设计过程中,首先应遵循信息整合的基本原则,确保数据的真实性、完整性和一致性。以企业资源规划(ERP)系统为例,合理的模块划分能够将生产、库存、财务等不同功能模块进行有效衔接,确保信息的实时共享和协同处理,从根本上提升了组织的决策效率。良好的设计应当充分保证系统的可扩展性,这意味着在面对未来技术更新和需求变化时,系统能够通过增加新的模块来快速适应。这种设计理念与"灵活架构"(Flexible Architecture)相辅相成,并通过集成新兴技术,如云计算与大数据分析,使得信息管理系统的功能持续升级。

可扩展性(Scalability)作为设计原则之一,强调了系统在性能需求增加或用户规模扩大时的自适应能力。以模块化的方法,可以将可扩展性具体化为各个模块的独立性和功能性的增强。例如,针对用户量激增的情况,一个基于微服务架构(Microservices Architecture)的信息管理系统能够通过部署更多实例的方式来平衡负载,而无需改动现有模块的结构。这一过程不但提高了系统的资源使用效率,还在经济上减少了运维成本。研究显示,采用模块化设计的系统在处理数据流时,其响应时间通常比单体系统(Monolithic Systems)短30%。

在模块化设计中,应考虑到模块之间的耦合度与内聚性(Cohesion and Coupling),高内聚和低耦合是模块化设计成功的关键指标。模块内的相关功能应当高度一致,而模块间的依赖关系应尽可能松散。以内容管理系统(CMS)为例,用户身份验证模块与内容发布模块的相对独立性能够确保在增强安全性能时,不会对内容管理的其他功能造成冗余影响。这种结构不仅使得各模块的测试与维护变得更加高效,也便于新技术和新功能的引入。

为了实际验证模块化设计的理论效果,采用定量分析方法,以一系列案例为基础,对不同行业的信息管理系统进行性能评估显得尤为重要。例如,在某金融服务企业的信息管理系统中,引入模块化设计后,通过对比分析发现,系统的维护时间下降了40%,同时因模块独立性提升带来的人为错误率下降了25%。这样的数据不仅证明了模块化设计在降低复杂性的同时,提升了系统的整体性能,也为今后的应用提供了良好的实证依据。

信息管理系统架构的设计不能忽视模块化设计原则的重要性,通过合理的模块划分、良好的可扩展性规划以及高内聚低耦合的结构,可以显著提高系统的效率和灵活性。结合实证案例的分析与反馈,能够在更大范围内推广模块化设计理念,以应对日益复杂的信息管理需求。这样的设计思考与技术创新,将为未来信息系统的发展提供宝贵的理论指导与实践参考。

(二)兼容性考虑

在当今信息化迅速发展的背景下,信息管理系统架构的设计与技术方法的选取显得尤为重要。信息管理系统不仅是现代企业信息化建设的核心组成部分,更是支撑其决策与运营的基础。因此,在构建信息管理系统时,应当充分考虑其设计原则、可扩展性及兼容性等关键因素,以确保其长久的有效性与实用性。

信息管理系统的设计原则应体现人性化、模块化与灵活性。人性化设计强调用户体验,确保系统界面的易用性,从而提高用户的工作效率。模块化设计不仅方便未来系统的升级与维护,还能够根据不同业务需求进行定制化开发。例如,在一个大型企业的客户关系管理系统(CRM)中,根据不同的用户需求,可以模块化地添加市场营销、客户服务和销售管理等不同功能,这种设计方法显著提高了系统的灵活性。而灵活性则是在变化频繁的商业环境中，快速适应新业务需求的核心能力。

可扩展性原则是设计信息管理系统时不得不顾及的另一个重要方面。可扩展性不仅仅体现在系统的硬件配置上，更涉及软件架构的弹性与灵活性。在构建信息管理系统时，设计者需采用服务导向架构（Service-Oriented Architecture，SOA）或微服务架构（Microservices Architecture），以实现各个功能模块间的低耦合及高内聚。在此基础上，系统能够随时通过增加功能模块来扩展其能力。例如，某金融机构在满足合规性要求的基础上定期向其信息管理系统中添加新的数据分析模块，以实现更深层次的业务洞察与决策支持。这种扩展能力使系统能够持续与技术发展和市场需求相适应。

兼容性考虑则是信息管理系统架构设计中的另一关键要素。随着技术的迅速迭代，系统兼容性能够确保新旧系统之间的有效沟通与数据共享。此时，实施兼容性测试与评估框架（Compatibility Analysis Framework）显得尤为必要。这样的框架不仅可以帮助企业确保新系统能够与现有系统有效互操作，还可以显著降低因系统不兼容导致的数据丢失和业务中断的风险。兼容性测试需涵盖不同层次的技术，如操作系统兼容性、数据库系统兼容性及应用程序接口（API）兼容性等。例如，一家跨国公司在进行信息系统升级时，通过兼容性评估工具，确保新应用能够平稳过渡，最终成功实现了系统的无缝对接，避免了对日常业务的负面影响。

在信息管理系统的设计与实现过程中，明确的设计原则与有效的技术方法是确保系统成功的基础。通过合理的架构设计，以人性化和模块化为根本原则，结合可扩展性与兼容性的积极考量，最终将构建出一个稳定、高效、易于维护的信息管理系统。这不仅提升了企业的信息处理能力，更为其长远发展奠定了坚实的基础。因此，企业在部署信息管理系统时，必须深入理解这些理论框架与技术方法，以实现管理效率的最大化与业务价值的持续提升。

三、数据一致性与完整性

（一）数据标准化

在现代信息管理系统的架构中，信息的有效维护与管理不仅依赖于先进的技术手段，也需要严谨的信息设计原则。信息管理系统的设计原则是为了确保系统在使用过程中具备高效性与灵活性，满足组织在快速变动环境中的运营需求。具体而言，系统的可扩展性、模块化设计与用户友好界面等因素都构成了合理设计的核心。在设计过程中，必须充分考虑数据流的结构与路径，以保证信息在系统间的传递效率。比如，Web服务架构的引入不仅优化了信息传递的速度，也增强了数据共享的便利性。

在探讨数据一致性与完整性时，首先需要明确数据在管理系统中的重要性。数据一致性是指在数据库系统中，任何对数据的更改都必须遵循一定的规则，确保数据在不同时间与不同操作中保持一致。为此，采用"ACID"特性（原子性、Consistency、一致性、隔离性和持久性）的设计原则是极为必要的。例如，一家金融机构在进行交易记录更新时，通过实现事务的原子性，可以有效避免因系统故障导致的数据不一致。数据完整性同样至关重要，它强调数据的准确性与可靠性，通常通过数据约束（如主键约束与外键约束）来实现，从而确保数据在入库时不受错误信息的影响。

数据标准化作为信息管理系统中的重要环节，是为了实现数据的统一性与互操作性。通过采用一系列标准化方法论，如"数据标准化工具"（Data Standardization Tool），能够高效地将不同来源与格式的数据转化为统一的标准格式。标准化的过程通常包括数据清洗、数据整合和数据格式转换等步骤，这一过程不仅可以消除数据冗余，还能增强数据的可用性和可理解性。例如，采用统一的编码标准（如"ISO 8601"用于日期和时间）将大大提高数据在不同系统间的兼容性。同时，数据标准化工具的实现，依赖于高效的算法与智能化的数据管理平台，既能提升数据的输入效率，也能降低后期的数据处理成本。

在此基础上，探讨数据标准化的技术方法，即便是最微小的数据元素，其处理方法也必须保持高度一致。有效的数据标准化策略包括规则化的建立与实施，来确保在数据收集与存储阶段就制定明确的标准，从而减少后续解析与处理所需的复杂性。例如，企业在采集客户信息过程中，若能明确规定姓名、地址、联系方式等字段的格式与要求，将有效降低因数据不规范而导致的业务执行缓慢或错误决策的风险。

系统的设计还需考虑到数据标准化过程中的技术应用，比如数据转换工具（Data Transformation Tools）与数据质量管理（Data Quality Management）平台。这些工具与平台的结合使用，不仅提升了数据处理的一致性与完整性，同时也加强了数据在多个应用场景中的可靠性。在大数据分析与机器学习等前沿技术迅速发展的背景下，数据标准化愈发成为构建高效信息管理系统的基础性环节。通过实施数据标准化，不仅为科学决策提供了可靠的数据支持，还有助于推动企业的数字化转型与创新发展。

在信息管理系统架构与技术方法的探讨中，数据标准化作为核心构成要素，其重要性不容忽视。通过明确设计原则、强化数据一致性与完整性、有效实施数据标准化方法，能够为信息管理系统的高效运行奠定坚实的理论与技术基础。这样的系统不仅优化了信息流动，更为决策提供了实证支持，从而在信息时代的竞争中占据优势。

（二）数据验证与校验

在现代软件开发和信息系统维护过程中，信息管理系统的架构与技术方法显得尤为重要。作为整个信息管理体系的骨架，信息管理系统不仅应具备高效的数据处理能力，更需要在架构设计上实现灵活性和可扩展性。有效的系统架构能够确保不同数据源之间的整合，同时提升信息处理的响应速度。基于云计算技术的分布式架构日益成为主流，这种架构支持了微服务（Microservices）以及容器化（Containerization）部署方式，从而在功能和资源的利用上实现了最优化。例如，在大型企业中，采用基于《服务导向架构》（Service-Oriented Architecture, SOA）的信息管理系统，能够有效分隔条件和服务的逻辑，有助于实现系统的动态扩展与维护。

在设计信息管理系统时，有若干设计原则需要遵循。系统的用户需求应该是首要考虑的因素，设计者需深入理解用户的业务流程与操作行为，确保系统的便捷性与易用性。系统应确保良好的数据互操作性，这意味着不同的数据格式、协议及数据库间的无缝对接。数据安全性与隐私保护也应当成为设计的重要考量，这不仅关乎企业的信息资产安全，也影响用户对系统的信心水平。以支付系统为例，安全性设计要求必须符合相关法规，如《通用数据保护条例》（GDPR），确保个人数据的处理符合合规性要求。

在信息管理领域，数据一致性与完整性是保障信息质量的重要指标。

数据一致性要求在系统内不同数据项必须保持一致，避免因多源数据导致的矛盾与错误。例如，企业资源规划（ERP）系统中的财务数据与库存数据必然相关联，若其中一方出错，将直接影响到利润分析与业务决策。因此，在设计系统时，必须采用高效的数据同步机制，确保实时数据更新。数据完整性则指数据在存储、处理及传输过程中必须完整且未被非法篡改。可以通过采用《完整性约束》（Integrity Constraints）来保障数据完整性，包括域完整性（Domain Integrity）、实体完整性（Entity Integrity）等。

至于数据验证与校验，正是确保数据质量的重要手段。数据验证工具（Data Validation Tool）通过设定一系列预定义规则来检测数据的有效性和准确性。例如，利用正则表达式（Regular Expressions）进行文本数据的格式验证，或者利用逻辑回归分析（Logistic Regression Analysis）来判别数据的分类可靠性，这些方法皆能够有效过滤掉不合规范的异常数据。数据校验不仅涉及到输入阶段的即时反馈，也应在数据出库时进行严格审核，以防止不符合标准的数据被用于决策支持。尤其在大数据环境下，更加需重视实时数据监控和响应机制，以保证数据的高可用性与可靠性。

在计算机软件信息维护及管理的过程中，信息管理系统的架构、设计原则、数据一致性与完整性以及数据验证与校验，构成了一个相互关联、相辅相成的整体。通过有效的技术手段和管理方法，不仅可以提升信息处理效率，还能在保证数据质量的基础上，推动企业决策的科学化与智能化。因此，未来的信息管理系统设计需持续关注创新技术的应用与数据治理的最佳实践，以应对快速变化的业务需求和技术发展。

四、安全性与权限管理

（一）访问控制机制

在当今信息技术迅猛发展的背景下，信息管理系统（Information Management Systems, IMS）不仅为组织提供了高效的信息处理能力，同时也成为了信息安全防护的核心组成部分。信息管理系统的架构设计是确保其高效运作和信息安全的关键因素，涉及数据存储、处理和传输的多个方面。合理的架构设计原则应该以模块化、可扩展性和易于维护为目标，从而确保系统在面对快速变化的技术环境时，能够灵活应对并保持运行效率。例如，采用微服务架构（Microservices Architecture）可以有效地将系统不同功能模块解耦，使得每个模块能够独立升级或替换，从而提升系统的灵活性和可维护性。

在信息管理系统的设计中，系统的安全性与权限管理（Security and Access Management）是必须优先考虑的因素。有效的安全策略不仅要求对数据进行正确的加密和备份，还需通过细致的权限管理来确保系统无需不当访问。例如，应用 RBAC（Role-Based Access Control）模型可针对不同用户的角色定义其访问权限，从而在保证数据安全性的基础上，简化用户管理流程。通过 RBAC 模型，不同级别的用户（如管理员、普通用户和访客）可以在遵循原则的情况下获取所需的资源和信息，理论上减少了人为错误引起的数据泄露风险，这在实际操作中获得了广泛的应用实例。

例如，在某大型企业的客户关系管理系统（Customer Relationship Management, CRM）中，采用了 RBAC 模型来管理客户信息的访问权限。根据用户的角色，该模型有效地限制了信息的访问范围，使得只有具备相应权限的员工能够查看或编辑客户数据。这一措施不仅保证了客户隐私，也同时提升了工作效率，因为员工无需在繁杂的权限审批流程中耗费时间。借此企业能够更快响应客户需求，增强客户满意度，提高竞争力。

访问控制机制（Access Control Mechanism）的设计与实施，需以防御思想为核心，来塑造信息资产的全生命周期保障策略。在这一过程中，必然需要综合考虑多种技术手段，如基于内容的访问控制（Content-Based Access Control, CBAC）和基于环境的访问控制（Context-Based Access Control, CoBAC），以适应不同使用场景。基于内容的访问控制可根据具体数据属性来加以限制，例如敏感信息的加密传输与外部共享需经过严格审核，而基于环境的访问控制则可依据用户的真实时间、地点等信息动态调整其访问权限。

以某医疗机构的信息系统为例，其访问控制机制考虑到患者隐私以及医疗信息的敏感性，实施了基于 RBAC 和 CBAC 的复合模型，对用户进行多维度的权限控管。通过设置严密的数据使用策略与用户行为审核流程，医院成功降低了信息泄漏和滥用风险。同时，结合大数据分析（Big Data Analytics）技术，系统能够对用户的访问行为进行实时监控与异常检测，确保系统的整体安全性和信息资产的可信性。

在信息管理系统的架构、设计原则、安全性与权限管理及其访问控制机制等多个层面，实施高效可靠的策略与技术手段是维护信息安全与系统稳定运行的前提。通过采用 RBAC 模型与其他访问控制机制，可以大大提高信息系统的安全性与灵活性，为组织在信息化转型的过程中奠定坚实基础。因此，在相关研究及实际应用中，有必要对上述技术及其实施策略进行深入探讨与分析，以实现信息管理的最优配置与高效运作。

（二）数据加密方法

在现代信息管理系统中，架构与技术方法的设计不仅是系统实施的关键，更是确保信息资产安全与有效利用的基础。信息管理系统通常采用层次化结构，以保证各个功能模块之间的高效协同与信息流的畅通。在架构设计方面，普遍运用"服务导向架构（SOA）"与"微服务架构（Microservices Architecture）"的理念，以促进各模块的独立性和灵活性。这种方法允许系统在进行功能扩展时，能够独立更新某个服务，减少了整体系统的维护难度。

数据流的处理通常需要借助"数据管理平台（DMP）"和"数据仓库（DW）"来实现，前者有助于实时数据的采集与分析，后者则为历史数据的系统化存储提供支持。通过将这两者有机结合，信息管理系统能够在保证数据质量的同时，进行高效化的信息分析，进而提高决策的科学性与准确性。信息管理系统的架构设计需遵循模块化、可扩展性与数据驱动的原则，确保其在复杂环境下的稳定运行与数据安全。

在信息管理系统的设计原则上，安全性与可用性常常处于平衡的核心位置。信息系统需要在提供便捷访问的同时，严格控制对敏感信息的访问权限。这一过程涉及到"角色基于访问控制（RBAC）"与"强制访问控制（MAC）"等机制的应用。通过详细定义用户角色及其权限，我们可以有效管理和限制用户对系统信息的访问，确保只有经过授权的用户才能获取相应的数据。例如，通过实施"多因素认证（MFA）"，可大大提高系统的安全性，使得未授权访问的风险降至最低。

在安全性与权限管理的框架中，数据加密作为保护信息资产的重要技术方法，其重要性不容忽视。数据加密技术不仅能防止未授权用户访问数据，还能在信息传播过程中保障数据的隐私性与完整性。在这一背景下，

"高级加密标准（AES）"与"非对称加密算法（RSA）"被广泛应用于商业环境中，来保护传输与存储的数据。这些加密标准使用复杂的算法和密钥管理机制，确保信息的不可破解性与较高的安全等级。

分析框架的运用在数据加密方法的选择及实现中也显得尤为重要。通过"数据加密框架（Data Encryption Framework）"的指导，信息管理系统可以系统性地评估不同加密算法的适用性及其在特定场景中的表现。例如，在传输层安全控制过程中，"传输层安全（TLS）"协议能够有效保障非对称密钥在数据交换过程中的安全性。同时，利用"散列算法（Hashing Algorithms）"确保信息在存储时的完整性，是防止数据篡改的一项重要手段。

在实际应用中，许多企业通过综合运用上述技术与原则，构建起了高效且安全的信息管理系统。其中，一些领先企业通过定期的安全审计与加密技术的迭代更新，有效地防范了数据泄露事件的发生。例如，某大型科技公司在其信息管理系统中引入了以"区块链技术（Blockchain Technology）"为基础的数据加密方法，进一步提升了其数据交互的透明性与可追溯性。从而，不仅提升了顾客对信息安全的信任度，还强化了其在行业中的竞争优势。

从信息管理系统的架构设计、设计原则，到安全性与权限管理，再到数据加密方法的实施，都是确保信息安全与有效管理的重要组成部分。通过采用科学的方法论和系统的分析框架，企业能够在日益复杂的信息技术环境中，实现信息资产的全面保护与管理优化。

第三节　信息管理系统的实施方法

一、需求分析与规划

（一）用户需求调研

在现代信息管理的背景下，信息管理系统的架构与技术方法涉及框架、流程及支持工具的综合设计。根据"信息系统架构（Information System Architecture）"理念的应用，系统架构的设计需充分考虑到各类数据的整合性、可扩展性及安全性。信息管理系统通常被分为多个层次，如数据层、应用层和界面层，这样的分层架构有助于提高系统的模块化程度，从而使得在面对不断变化的需求时，可以灵活进行调整与更新。具体而言，数据层应采用"数据仓库（Data Warehouse）"与"云计算（Cloud Computing）"相结合的形式，以便于实现跨平台的数据共享和高效存储。

基于此信息管理系统的实施方法则包括若干个关键步骤：必须进行详尽的前期调研，以明确系统的实施环境及预期目标；继而，通过"项目管理方法论（Project Management Methodology）"对实施过程进行计划、执行及监控，确保实施过程的高效率与高质量。利用"敏捷开发（Agile Development）"方法能够快速响应用户反馈，在系统建设的每个阶段形成动态的调整机制，使得实施的适应性得到充分发挥。系统上线后，实时的监测机制是不可或缺的，通过大数据分析工具监控系统性能，为持续优化提供数据支持。

在进行需求分析与规划阶段，系统工程师需要应用"需求工程（Requirements Engineering）"的理论与实践，并借助"用例模型（Use Case Model）"等工具，以便在初期阶段就充分了解用户的需求层次与优先级。在此过程中，收集和整理数据的方法包含深度访谈、焦点小组讨论等定性研究技术，辅以"问卷调查（Survey）"等定量分析工具，以便广泛收集用户的意见与建议，这样做的目的是确保后续设计和实施能够更好地契合用户期待。通过这一系列方法，所获得的数据应进行系统化分析，运用"数据分析工具（Data Analysis Tools）"进行统计与作图，以直观呈现用户需求的各个维度。实施"SWOT 分析（SWOT Analysis）"，可以帮助团队识别当前系统可能面临的优势、劣势、机会和威胁，从而为接下来的实施方案奠定更坚实的基础。

在用户需求调研的具体实施中，"访谈与问卷调查方法（Interview and Questionnaire Survey Method）"作为重要的研究工具，能够有效获取用户使用系统的真实体验与期待。通过设计结构化问卷，系统性地收集用户对系统功能、性能及易用性等方面的反馈，结合与用户的面对面访谈，使调研结果更加全面和深入。定量数据的获取将通过统计分析，应用"描述性统计（Descriptive Statistics）"方法概述用户的特征分布情况，而"推论性统计（Inferential Statistics）"则可对样本结果进行推广，支持决策制定过程中的证据基础。为了更好地提升用户体验，需求调研结果可以通过"用户体验（User

Experience, UX)"理论进行分析和优化,为后续设计指引方向。同时,运用"情感分析(Sentiment Analysis)"技术解析用户的情感倾向,不仅可以在功能设定上更符合用户预期,还可以为后期的用户培训与支持提供依据。

信息管理系统的架构与实施技术方法的应用亟需结合多种科学的研究工具与理论框架,以确保用户需求的充分理解与系统建设的高效实施。通过多层次、多维度的需求分析及准确的数据采集,最终目的是构建一个既满足当前使用需求,又具备良好扩展性的高效信息管理系统。

(二)功能需求与非功能需求

在当前计算机软件信息维护及管理的背景下,信息管理系统(Information Management Systems, IMS)的架构与技术方法显得尤为关键。信息管理系统不仅是企业运营的核心,更是数据合理流动与有效处理的基础。为实现这一目标,必须采用合理的架构设计与技术方法,以保障信息的完整性与安全性。这一过程中,首先需明确系统的整体架构模型,常见的模型包括三层架构(Three-Tier Architecture)和微服务架构(Microservices Architecture),它们各有特点,适用于不同规模及需求的组织。

在具体实施方案上,信息管理系统的实施方法涵盖了从需求收集、系统设计到系统测试的全过程。需求收集阶段常用访谈(Interviews)、问卷(Surveys)以及观察(Observation)等方法,以确保从用户角度全面了解其需求。同时,在设计阶段,需要采用统一建模语言(Unified Modeling Language, UML)进行系统建模,帮助开发人员与利益相关者形成清晰的共识。通过集成测试(Integration Testing)与用户验收测试(User Acceptance Testing, UAT)等方法,确保系统在各个方面均能满足预设的业务需求,这一点对于后续的系统维护与管理至关重要。

在需求分析与规划的环节,首先要通过功能性需求与非功能性需求矩阵(Functional and Non-Functional Requirements Matrix)对需求进行分类。功能性需求(Functional Requirements)指的是系统必须具备的功能,如用户管理、数据处理与报告生成等;而非功能性需求(Non-Functional Requirements)则涉及系统的性能、可用性与安全性等方面的要求。通过建立清晰的需求矩阵,可以有效降低项目实施风险,提高系统的契合度与用户满意度。

例如，若在功能需求中用户要求实现某一特定数据分析功能，则对应的非功能需求可能要求该功能在处理大数据量时仍需保持高效性与低延迟性。

具体而言，功能需求的确定需要深入的市场调研与用户反馈，以支持其合理性。同时，非功能需求的设计也需依赖于案例分析法，对行业内成功实施的信息管理系统进行剖析，提炼出其高效运作的关键因素。例如，在某大型电商平台的信息管理系统中，通过对用户访问高峰时段的负载测试，进一步强化了系统的可扩展性与容错性，确保了其在极端情况下仍能正常运营。这样的实例不仅能够为项目的设计与实施提供实证依据，也能有效提升开发团队对需求的理解与重视。

结合上述分析，信息管理系统的架构设计与实施方法必须系统化、科学化，利用结构化的方法对功能及非功能需求进行全面的分析与整合，从而确保信息的高效管理与维护。尤其是在快速变化且竞争激烈的市场环境中，企业需不断优化其信息管理系统，以适应新的商业挑战与机遇。因此，信息管理系统的持续改进过程，不仅依赖于使用先进的技术工具，还需要建立一个反馈机制，使得系统可以在实际运作中不断收集用户反馈，进而调整与优化系统的功能与性能。

信息管理系统的架构与技术方法在软件信息维护及管理中占据重要地位。通过深度的需求分析与有效的实施方法，如功能与非功能需求矩阵的合理使用，企业能够系统地提高其信息管理能力，实现长效的管理与维护效果。这不仅体现了信息管理的科学性与系统性，更为企业在信息时代的持续发展提供了强有力的支撑。

二、系统开发与测试

（一）系统设计文档编制

在当今快速发展的信息技术背景下，信息管理系统的架构不仅在于满足基本的功能需求，更强调其在数据传输、存储、安全管理等多个层面的技术适应性与可扩展性。为了构建高效的信息管理系统架构，需考虑"系统架构（System Architecture）"的多层次设计，包括客户端、服务器及后端数据库等。"云计算（Cloud Computing）"技术的引入也为信息管理系统的架构提供了新的维度,实现了数据存储的弹性管理和资源分配的动态响应。以微服务架构(Microservices Architecture)为基础的设计,能够有效地减小系统的耦合度,从而支持不同服务的独立部署和更新,这与传统的单体应用架构形成了鲜明对比。

在实施信息管理系统时,初步的需求分析是成功的前提。采用"敏捷开发(Agile Development)"方式,可以快速响应客户端的变更需求,并通过迭代开发方法,不断优化功能。实施过程中应建立明确的"项目管理(Project Management)"规范,确保团队在进度、质量、成本等方面达成一致。值得注意的是,不同企业的信息管理需求具有多样性,因此在实施过程中应进行充分的"可行性分析(Feasibility Analysis)",以此来定制适合的系统实现路径。例如,某企业通过使用"项目管理软件(Project Management Software)"成功实现了其信息管理系统的顺利上线,进一步实现了资源的最高效使用。

在系统开发与测试阶段,应用"集成测试(Integration Testing)"和"验证测试(Validation Testing)"是确保系统功能的必要步骤,前者关注组件与模块间的交互关系,后者则确保系统满足用户的实际需求。在这一过程中,数据分析技术的应用至关重要,通过对系统产生的数据进行深入分析,可以识别潜在的性能问题并提出改进建议。例如,某医疗信息系统在测试阶段,通过性能监控工具收集的数据表明系统响应时间高于预期,经过调整后,最终实现了20%的响应速度提升,这充分体现了数据驱动下的持续优化过程。

系统设计文档的编制是信息管理系统成功与否的关键环节,其规范性直接影响到后续实施及维护的顺利进行。依据"文档编制标准(Documentation Standards)",系统设计文档不仅应包括系统的结构图、功能说明和用户界面设计,还需明确各模块之间的交互关系。通过精细化的文档编制,可以保障所有开发与维护人员对系统的全面理解。例如,在某大型电子商务平台的系统设计文档中,详细的API文档和数据结构说明有效减少了开发人员的学习曲线,提升了团队协作效率。在编制过程中过滤关键信息,并使用"文档模板(Documentation Template)"能进一步提高文档的一致性与可读性。

总体而言,信息管理系统的架构与技术方法是一个多维度的研究课题,其实施方法、系统开发与测试的理论框架及系统设计文档的编制,在信息化时代中起到了至关重要的作用。可见,采用科学的分析工具与系统化的框架思维，能够有效有力地引导信息管理系统的设计与实施，最终实现对信息资源的高效管理与利用。

(二) 原型测试与反馈

在现代计算机软件的信息维护与管理领域，信息管理系统的架构与技术方法的重要性不容忽视。信息管理系统不仅是处理和存储数据的工具，更是为实现数据的高效管理与利用提供了一种框架。在技术发展的背景下，信息管理系统的架构往往采用层次化设计，结合"三层架构（Three-tier Architecture）"模式，实现数据的透明性、可扩展性及高可用性。此种架构结构包括表示层（Presentation Layer）、业务逻辑层（Business Logic Layer）及数据访问层（Data Access Layer），三层之间的分离确保了系统的可维护性及灵活性。

在具体的实施过程中，信息管理系统的成功部署依赖于多个技术方法的协同运作。以"敏捷软件开发（Agile Software Development）"为例，此种方法强调迭代式开发及持续的客户反馈，能够有效适应快速变化的需求环境。在实际操作中，通过开展"迭代开发（Iterative Development）"的过程，团队能够逐步完善系统功能，使其符合用户真实需求。采用持续集成（Continuous Integration）与持续部署（Continuous Deployment）的技术手段，能够在每一次代码更改后迅速反馈并部署新版本，进而保障系统的高可用性和稳定性。

在系统开发与测试阶段，使用"原型设计（Prototyping Design）"方法显得尤为重要。这一方法论强调通过快速构建可视化原型，使用户能够在早期阶段便参与系统设计，提供真实反馈。例如，在金融服务行业，随着市场动态的即时变化，开发团队通过原型设计快速验证用户界面的可用性及功能性，得以在实际开发前期降低项目风险。同时，结合"用户体验测试（User Experience Testing）"，从用户的角度出发进行系统评估，确保最终产品向用户的需求靠拢。

而在原型测试与反馈阶段，原型测试方法论（Prototyping Testing Methodology）的有效实施能够为系统优化提供强有力的支持。原型测试不仅包括功能性测试，也涵盖了性能测试与用户满意度评估，确保系统在多种条件下的表现符合预期。在信息管理系统中，用户反馈机制的确立至关重要，通过定期收集用户的意见和建议，开发团队得以对系统进行持续优化。以某国内某大型电商平台为例,其在实施信息管理系统时,初期通过小范围用户的原型测试,获取数据分析与用户行为分析(User Behavior Analysis)的有效反馈,进而调整系统功能,提高整体用户满意度。

结合上述探讨,信息管理系统的架构及技术实施方法、系统开发与测试的有效结合,构建了一个科学而严谨的逻辑框架,让整个信息维护管理过程充满了可行性与效率。在未来的信息管理领域,继续推进"数据驱动决策(Data-Driven Decision Making)"的发展,将对决策过程施加深远影响,推动企业在数字化转型过程中的稳健前行。

信息管理系统的设计与实施需要充分利用现代技术与方法,采用系统化、结构化的思维方式,从而确保信息维护与管理的科学性和合理性。通过原型测试与用户反馈机制的有效结合,不仅能够增强系统的功能性,还能大幅提升用户体验,使最终的信息管理系统更能满足实际需求,实现信息管理的智能化和高效化。

三、用户培训与技术支持

(一) 培训需求分析

在当今快速发展的信息技术环境中,信息管理系统的构建与实施已成为企业维持竞争优势的关键因素之一。信息管理系统架构与技术方法的设计,直接影响到整个信息流动的效率和安全性。本段将深入探讨信息管理系统的架构设计原则及相关技术方法,并分析其实际应用效果。

信息管理系统的架构需基于"多层次架构(Multi-tier Architecture)"的设计理念,以确保系统的灵活性与可扩展性。具体而言,系统通常分为"表现层(Presentation Layer)"、"业务逻辑层(Business Logic Layer)"和"数据访问层(Data Access Layer)",通过合理的模块划分,使各层之间的耦合度降低,增强系统的稳定性与维护性。为了提升数据交互效率与系统响应速度,采用"微服务架构(Microservices Architecture)"已成为一种趋势,该架构通过将应用程序拆分为多个独立服务,使其能够独立开发、部署和扩展,从而增加了整体系统的灵活性。

在技术方法方面,选择合适的信息存储与处理技术也是系统架构成功的关键。例如，可通过"关系数据库管理系统（RDBMS）"和"非关系型数据库（NoSQL）"相结合的方式，以满足不同数据类型及业务需求的存储和处理。关系型数据库因其高效的事务处理能力，适用于结构化数据，而非关系型数据库则能够处理大数据环境下的非结构化数据，提供更高的可伸缩性和查询性能。进一步地，借助"数据仓库（Data Warehouse）"与"数据挖掘（Data Mining）"技术，可以实现对历史数据的分析与利用，从而为决策提供有力支持。

在信息管理系统的实施过程中，理解用户的需求至关重要，有助于制定切实可行的实施计划与策略。因此，进行全面、系统的"培训需求分析（Training Needs Analysis）"显得尤为重要。通过应用"培训需求评估工具（Training Needs Assessment Tool）"，可以识别用户在新系统使用过程中的知识短板与技能缺失。开展问卷调查及深入访谈，全面分析目标用户的背景信息，了解其在信息技术方面的现有能力与水平。接着，通过对收集到的数据进行定量与定性分析，可以明确不同用户群体的培训需求与优先级。分析用户所需掌握的具体知识点及技能，可以为后续的培训方案设计提供重要依据。

用户培训与技术支持是信息管理系统成功实施的重要组成部分。通过针对性的培训方案，帮助用户快速适应新系统，熟练掌握其操作界面与核心功能。培训内容可涉及"系统使用手册（User Manual）"、"在线帮助（Online Help）"及"视频教程（Video Tutorial）"等，以多样化的方式促进学习效果。与此同时，技术支持团队的建设同样不可忽视，需建立一个专业、响应及时的支持系统，以应对用户在系统使用中遇到的各类技术问题。通过定期回访与反馈收集，不仅能够持续优化培训内容，还能增强用户的系统使用信心。

信息管理系统的架构设计、实施方法及用户培训与技术支持均需从系统性与战略性的高度出发，以满足日新月异的市场需求与技术发展。通过建立科学有效的培训需求分析机制，能够确保用户得到必要的支持与培训，进而提高系统使用效率与用户满意度，为企业创造更大的价值。

(二) 培训内容与形式

信息管理系统的架构与技术方法在现代企业的管理与维护中扮演着不

可或缺的角色。有效的信息管理不仅仅依赖于技术手段的应用，同时也受到组织内部流程和文化的深刻影响。因此，要实现一个高效的信息管理系统（Information Management System, IMS），首先需要定义其架构，包括硬件架构、软件架构以及数据存储架构等多个维度。

在硬件架构方面，基于云计算技术（Cloud Computing）的服务模式正在逐渐成为主流选择。具体而言，采用公共云、私有云或混合云架构，不仅能够降低企业的IT基础设施投资成本，那么在业务波动的情况下，灵活地调整资源配置也是非常必要的。结合边缘计算技术（Edge Computing），可以提高数据处理速度，减少延迟，尤其是在处理实时数据时展现出极佳的性能。

从软件架构的角度来看，微服务架构（Microservices Architecture）逐渐成为信息管理系统设计中的重要选择。与传统的单体架构相比，微服务架构将应用程序划分为多个独立的服务，每个服务可以进行独立的更新和维护，这样可以显著提升系统的可扩展性和可靠性。进一步地，应用程序接口（API, Application Programming Interface）在各服务之间的交互中，能够提高系统集成的灵活性和功能扩展性。

数据存储架构的选型也是构建信息管理系统时不可忽视的部分。结合关系型数据库（Relational Database）与非关系型数据库（NoSQL），可以实现数据的高效存储与访问。在行业应用中，诸如数据仓库（Data Warehouse）与数据湖（Data Lake）的结合使用，往往能够支持更为复杂的数据分析和挖掘，比如支持实时分析与历史分析的需求。

在信息管理系统的实施方法中，首先要开展需求调研（Requirement Analysis），全面了解企业在信息管理方面的具体需求。通过结合以往的案例，比如某大型制造企业实施信息管理系统的经验，发现需求调研的深入程度直接影响着后续开发与实施的顺利进行。引入敏捷开发（Agile Development）方法论，便于在项目执行过程中快速响应变化，与业务需求保持全方位的同步。

实施阶段完成后，用户培训与技术支持将成为系统成功应用的关键一环。在这一过程中，采用"成人学习理论"（Adult Learning Theory）辅助培训设计显得尤为重要。成人学习理论强调实践的必要性、经验的共享及自我导向学习的能力，这就要求在培训设计中融入更多的互动与反馈机制，以确保培训的有效性。例如，通过情景模拟（Simulations）技术，让用户在仿真环境下实践操作，可以显著提高其学习效果与系统使用的自信。

在用户培训的内容与形式设计上，不仅要关注系统操作流程（Operational Procedures）的讲授，同时还需要结合信息管理的相关理论与最佳实践（Best Practices），使参与者能够在掌握操作基础上，更深入地理解系统应用的上下文和背景。采用在线学习平台（E-Learning Platform）结合面对面的培训形式，能够最大限度地满足不同员工的学习需求，提高整体培训的覆盖率与灵活性。

在技术支持方面，构建一个高效的反馈与支持机制也是至关重要的。通过设立专门的支持团队，利用问题追踪系统（Issue Tracking System）进行故障管理与用户反馈，有助于及时解决用户在系统使用过程中遇到的问题，从而降低操作风险，提高业务连续性。

信息管理系统的架构与技术方法的设计与实施，需要综合考虑硬件、软件和数据平台的选择，同时通过有效的培训与支持机制保障用户的实际操作能力，以实现企业信息管理的最优效果。

四、维护与更新策略

（一）日常维护措施

信息管理系统架构与技术方法在现代计算机软件的信息维护及管理中扮演着至关重要的角色。其成功实施依赖于严谨的系统架构设计与先进的技术方法的结合。信息管理系统的架构一般分为三个主要层次：数据层、应用层和表示层。数据层以"数据库管理系统（DBMS）"为基础，负责数据的存储、检索和管理；应用层利用"服务导向架构（SOA）"技术，实现内部业务逻辑的模块化，从而提高系统的可扩展性和重用性；表示层则通过"用户界面（UI）"设计，与用户直接交互，以确保用户的体验质量。

在实施信息管理系统的过程中，需运用精准的项目管理方法论。在较为复杂的大型项目中，通常采用"敏捷开发（Agile Development）"模式，允许在发展过程中迭代改进，以快速响应不断变化的需求。同时，为确保信息系统的可靠性和维护性，能有效集成的"持续集成与持续交付（CI/CD）"方法论无疑为项目提供了新的动力。该方法使得版本的发布频率得到巩固，潜在缺陷能够及时识别，从而在整个开发生命周期中提升信息管理的质量。

针对信息管理系统的维护与更新策略，体系化的维护方案是保障生态系统健康的基石。相较于传统的单点维护模式，现代信息系统的维护运用"全生命周期管理（Lifecycle Management）"的概念，强调在系统的不同阶段均需关注其维护需求。例如，在系统上线后的运行阶段，通过监控系统运行状态和性能指标，进行实时数据分析，便可有效识别潜在的故障。制定计划性的"更新策略（Update Strategy）"也是维护工作的核心，定期实施系统优化与版本升级，可显著提升系统的安全性与可靠性。

日常维护措施的实施对于确保信息管理系统的健康与持续性尤为重要。日常维护应强调对于关键指标的监控，如系统性能监测、用户访问日志分析等，可借助于"数据挖掘（Data Mining）"技术，深挖用户行为与系统瓶颈之间的关联。通过定量的方法，分析系统历史数据，能够为未来的维护提供科学依据。定期的系统审核与漏洞扫描，强化了信息管理系统的安全防范能力，通过建立"事务审计机制（Audit Mechanism）"，使得信息安全隐患得以监测与消除。

通过上述技术方法和实施策略，信息管理系统的架构与维护工作将不仅仅是简单的软件更新，更是一个系统化、前瞻性的综合管理过程。这样，借助规范的工作流程、不懈地技术创新，才能确保信息管理系统在动态变化的市场环境中，持续发挥其所需的作用，有效支持组织业务的发展。信息管理系统的架构与实施策略之间形成了密切的互动关系，且在这种背景下＼，以科学的方法和合理的维护措施为用户提供可靠的保障，最终实现信息管理的高效性与高可靠性。

（二）故障排查与修复流程

在如今计算机软件快速发展的背景下，信息管理系统的架构与技术方法愈显重要。信息管理系统作为集成多个功能模块的平台，既需要合理的架构设计来保障其高效运作，又应充分采用先进的技术手段以达到最优的管理效果。根据"三层架构理论（Three-Tier Architecture）"，信息管理系统一般分为表现层、业务逻辑层和数据层。这种分层结构能够有效地进行模块化管理，每一层可以独立开发和维护，从而提高系统的可扩展性与可维护性。

在技术方法方面，数据处理技术与用户交互界面设计（UI/UX）是信息管理系统成功的关键。采用"面向服务架构（Service-Oriented Architecture，SOA）"的设计策略，可以使得系统模块之间进行高效的通信与协调，这不仅有利于不同平台间的兼容性，同时也为信息的传递与处理提供了高度的灵活性。借助"云计算（Cloud Computing）"技术，数据可以集中存储于云端，用户可以随时随地访问所需信息，极大地提升工作效率。

信息管理系统的实施方法可以说是整个系统成功的基石。从需求分析到系统设计，再到后期的实施，每一个阶段都必须科学严谨。实用的方法论包括"敏捷开发（Agile Development）"和"瀑布模型（Waterfall Model）"等，这些方法论能够促进团队协作与效率提升。在需求分析阶段，通过"用户故事（User Story）"和"用例图（Use Case Diagram）"可以清晰地捕捉用户需求，指导后续的系统设计。设计完成后，通过迭代的方法而非一次性全部实现，可以对系统进行多次的优化与调整，以确保系统能够最终满足用户期望，这种灵活性使得系统建设过程更具安全性和有效性。

在信息管理系统的维护与更新策略上，科学的维护制度与更新方法是确保系统长久运作的关键。环境变化（如操作系统版本更新或硬件升级）会对系统运行产生影响，因此，制定"定期维护计划（Regular Maintenance Schedule）"至关重要。在这方面，"持续集成（Continuous Integration, CI）"与"持续部署（Continuous Deployment, CD）"的方法可以确保每次更新都经过严格测试，从而降低故障风险。同时，为了应对不时之需，建立"文档化（Documenting）"的维护记录，使技术人员在出现故障时能够快速找到维护依据与解决方案。

故障排查与修复的流程同样是信息管理系统运作的重要环节。采用"故障排查流程图（Troubleshooting Flowchart）"与"根本原因分析（Root Cause Analysis, RCA）"方法，可以系统化地识别问题根源。这不仅有助于快速定位故障，还可以通过"因果关系图（Causal Loop Diagram）"分析潜在因素，从而制定相应的修复策略。例如，在一个实际案例中，某信息管理系统因服务器负载过高导致频繁宕机。通过 RCA 发现，问题源自于不合理的内存配置与不充分的带宽，结合故障排查流程，实施了系统负载均衡与资源重分配后,系统稳定性显著增强。

信息管理系统的架构设计、实施方法、维护更新策略以及故障排查流程,是确保计算机软件信息高效管理与维护的关键要素。在复杂多变的技术环境中,紧跟行业发展潮流,采用前沿的技术与管理方法,能够有效提升信息管理体制的成熟度与适应性。

第三章 现代软件维护策略与实践

第一节 现代软件维护的概述

一、软件维护的定义与重要性

现代软件维护策略的有效实施,对于确保计算机软件的长期可用性和适应性至关重要。软件维护不仅指分析、修改和改善软件系统,以解决潜在的问题和提高性能,更是动态管理软件生命周期中不可缺少的组成部分。根据"软件工程(Software Engineering)"标准,软件维护的具体内容涵盖了多种活动,包括修复已发现的缺陷、适应变化的环境要求、增强功能及优化性能。这些活动不但影响软件的稳定运行,更直接关系到使用产品用户的满意度,反映了维护对于软件企业业务成功的影响。

从重要性来看,软件维护无疑是确保信息系统正常运行的重要环节之一。根据"信息系统(Information System)"开发领域的研究,软件生命周期的维护阶段通常占总项目支出的 60% 至 80%。这一数据充分显示了维护工作在整体开发过程中的经济意义。随着信息技术(Information Technology)和市场需求的快速变化,软件系统的适应性在企业成功的过程之中日益突显。例如,某金融服务行业的公司实施了定期软件更新和不断的系统优化,显著提高了运营效率和客户满意度,为其竞争优势提供了强有力的保障。这种成功案例表明,维护不仅是防止故障的手段,更是推动企业创新和发展的动力。

进一步分析现代软件维护的重要性,可以通过"SWOT 分析(Strengths, Weaknesses, Opportunities, Threats)"这一工具进行深入探讨。在"优势(Strengths)"方面,现代软件维护策略往往依赖于自动化工具的引入,比如"持续集成(Continuous Integration)"和"自动化测试(Automated Testing)"。这些工具能够及时捕捉和修复代码中的缺陷,从而显著提高软件的稳定性与可维护性。

相对而言，维护工作往往面临"弱点（Weaknesses）"，如高昂的维护成本和对于专业技能的要求较高。现实中，企业有时无法在维护资源投入上做到平衡，导致部分关键功能无法得到及时更新。因此，妥善管理维护成本成为每个软件工程师和管理者必须面对的挑战。

在"机遇（Opportunities）"方面，随着云计算（Cloud Computing）和微服务架构（Microservices Architecture）的发展，软件维护面临着前所未有的新机会。借助这些先进技术，企业能够更灵活地调整系统架构，快速响应市场变化，从而通过更高效的维护活动继续提升自身的竞争力。这不仅为企业提供了新的维护策略和实践思路，更可积极响应软件生命周期的动态变化。

然而，"威胁（Threats）"的存在同样不容忽视。信息安全（Information Security）和数据隐私（Data Privacy）问题日益严重，软件维护过程中，若不严格把控相关流程，将可能导致用户信息的泄露和企业信誉的受损。因此，增强维护过程中信息安全的意识与技术手段，是现代软件维护策略不可或缺的一部分。

总结而言，现代软件维护策略为软件系统的长期运行与发展提供了保障，其在提高软件质量、满足用户需求、确保经济效益等方面的重要性不言而喻。然而，不同的维护策略亦具有各自的优势与劣势，企业需结合自身实际情况，以及技术进步所带来的机遇与威胁，综合制定相应的维护策略。如此，才能确保在快速变化的市场环境中，软件系统持续高效地服务于用户，并且在竞争中保持优势。

二、软件维护的类型

现代软件维护的复杂性和多样性使得在其策略和实践中的研究显得尤为重要。随着信息技术的日益发展，软件系统的变更和更新频率显著提高，软件维护不仅仅是一个事后修补的过程，而是贯穿整个软件生命周期的重要环节。从理论上讲，软件维护的主要目标在于保持软件的可用性、可扩展性和可靠性，以应对快速变化的用户需求和市场环境。

在软件维护的实践中，必然涉及到多种策略，其中包括了纠错维护（Corrective Maintenance）、适应性维护（Adaptive Maintenance）、完善性维护（Perfective Maintenance）和预防性维护（Preventive Maintenance）。纠错维护

主要针对已知缺陷进行修复，确保软件在既定功能范围内的正常运行；适应性维护则是为了使软件系统能够在新的硬件或软件环境下继续有效运行；完善性维护注重根据用户反馈和市场需求对软件进行功能上的增强与改进；而预防性维护则旨在通过定期检查和更新，提前识别并修复潜在的问题以减少系统故障的发生明白，这些不同类型的维护策略在具体的实施过程中会有各自显著的特点与要求。

从分类法（Taxonomy）的视角出发，我们可以进一步对现代软件维护策略进行细致分析。纠错维护通常需要设计高效的错误跟踪与管理系统，以便在用户报告缺陷后迅速定位问题所在，并运用专业的调试工具（Debugging Tool）进行系统性分析。例如，使用静态分析（Static Analysis）和动态分析（Dynamic Analysis）技术相结合，能够更全面地揭示软件代码中的潜在缺陷，从而提升维护效率。适应性维护往往需要开发团队与IT基础设施团队的紧密协作，以确保软件在新环境中能够获得最佳的兼容性，从而促进企业的数字化转型。

在涉及完善性维护方面，采用敏捷开发（Agile Development）和持续集成（Continuous Integration，CI）的方法显得尤为关键。这种方法论不仅可以提高软件更新的频率，提高用户的满意度，还有助于快速响应市场需求的变化。例如，某些企业通过每周发布新的功能和改进，成功地提高了用户留存率并推动了用户数的增长。这一方面得益于对用户需求的及时反馈机制，另一方面也反映了快速迭代所带来的市场适应能力。

关于预防性维护，实施有效的监控和预警机制是至关重要的。通过应用现代化的监控工具，企业可以实时分析系统运行状况，及时发现异常现象。例如，运用机器学习（Machine Learning）算法进行异常检测，以确保在潜在故障发生之前，系统可以自主调节或通知维护人员，从而提升系统的整体稳定性。

现代软件维护策略是一个不断发展的领域，涵盖了从纠错维护到适应性维护、完善性维护以及预防性维护的多种类型。这些类型并非孤立存在，而是相互关联、相辅相成，共同构成了软件维护的全貌。在实际应用中，企业应根据自身特定的业务需求和技术环境，有针对性地选择与实施各类维护策略，进而提升软件系统的效率与可靠性。同时，采用分类法方法论进行分析与研究，将为软件维护策略的制定与调整提供有力的理论支持与实践指导。

第二节 现代软件维护的流程

一、软件维护的需求分析

在当今瞬息万变的科技环境中，现代软件维护策略的有效实施成为确保软件应用长期可用性的关键因素。软件产品的生命周期不仅要求高质量的初始开发，还必须重视后续的维护和管理，以应对不断演变的用户需求和快速发展的技术环境。从长远来看，软件维护是一个复杂的生态系统，涉及多种策略和实践。当前，软件维护策略主要可分为纠正性维护、适应性维护、完善性维护和预防性维护四个层面。在这些层面中，纠正性维护主要针对已知缺陷的修复，而适应性维护则关注技术更新和环境变化对软件的影响。完善性维护旨在添加新功能或优化现有功能，以提升软件的整体价值。预防性维护则是通过定期的监测和评估，提前识别可能出现的问题，从而降低风险，提高软件的可靠性。

在具体的维护流程中，涉及需求分析、设计、实施和测试四个主要阶段。需求分析是整个维护过程的起点，强调对软件需求的准确理解和调整，常采用需求分析模型如"统一建模语言（UML）"或用例图等工具，以清晰描绘系统各个功能模块之间的相互关系和依赖性。例如，在对一款客户关系管理系统进行更新时，首先需要有效识别用户需求的变化，包括新功能的需求、性能优化建议等。在这个阶段，需求分析矩阵被广泛应用于归纳整理客户反馈与需求，确保所需的功能被优先考虑。这一模型的使用不仅提高了需求定义的准确性，还能有效避免因误解引发的范围蔓延（Scope Creep），从而确保在后续开发过程中的目标一致性。

软件维护的需求分析是在快速发展技术背景下，确保软件的灵活性与可适应性所必不可少的环节。随着用户期望的不断提高及市场环境的变化，软件维护的需求分析必须具备高度的前瞻性和适应性。数据驱动的决策成为了需求分析中的新趋势，技术手段如数据挖掘（Data Mining）与用户行为分析（User Behavior Analysis）被广泛应用，以深入理解用户使用模式及其需求变化。例如，通过分析用户在某个应用上的使用习惯，开发团队可识别出不常用功能，进而进行功能的优化或移除，这不仅提高了系统的使用效率，也避免了资源的浪费。

理论上，现代软件维护的需求分析不仅仅限于功能性的或性能性的改善，它还需要涵盖安全性及可维护性等非功能性需求。因此，在仔细分析用户反馈的基础上，团队还必须对软件的安全漏洞进行深入扫描，确保在每一次更新后，软件能够抵御潜在的网络攻击。同样，随着"持续集成（Continuous Integration, CI）"和"持续交付（Continuous Delivery, CD）"等 DevOps 实践的推广，需求分析也需与这些现代化的开发流程紧密结合，以实现快速迭代和高质量交付。

现代软件维护策略与实践对于提升软件的长期价值至关重要。从需求分析的角度出发，运用先进的数据分析工具和理论框架，可以有效捕捉用户的真实需求，从而制定出更加精准且高效的维护计划。在软件维护的复杂生态系统中，通过清晰的需求分析和恰当的维护策略，企业能够更好地应对市场的变化，提升客户满意度及软件产品的市场竞争力。

二、软件设计与实施

在现代计算机软件的开发和管理过程中，维护策略与实践日益成为关键因素，不仅影响软件的功能和性能，还直接关系到软件整体生命周期的经济效益和质量。现代软件维护策略需依据"软件工程生命周期模型（Software Engineering Life Cycle Model, SELCM）"的指导原则，采用灵活的方法来应对不断变化的需求和技术环境，确保软件系统的可持续性和设施的最优配置。

现代软件维护的流程遵循特定的步骤，包括需求获取、分析、设计、实施和测试等环节。在需求获取阶段，需要运用"需求工程（Requirements Engineering）"的技术，通过有效的利益相关者访谈和调研，明确用户需求与期望，从而减少后期需求变更带来的维护成本。在分析与设计阶段，应结合"面向对象设计（Object-Oriented Design, OOD）"和"敏捷开发（Agile Development）"等方法，以模块化设计的方式提升软件系统的可维护性和扩展性。例如，采用"统一建模语言（Unified Modeling Language，UML）"等工具对系统进行建模，能够在早期阶段揭示潜在的设计缺陷，从而节约后期维护所需的资源。

软件实施具有重要意义，尤其是对技术栈选择、环境配置和集成测试等方面必须给予高度重视。采用"迭代开发（Iterative Development）"的模式，可以在每个迭代周期中迅速响应用户反馈，并将这些反馈融入后续版本中，从而实现更高效的维护策略。为确保软件的持久运行和高可用性，维护过程中应定期进行"软件性能评估（Software Performance Evaluation）"与"安全审计（Security Audit）"，有效识别并解决潜在风险。

在软件维护中，数据分析和应用案例研究也是不可或缺的环节。通过借助"数据挖掘（Data Mining）"与"机器学习（Machine Learning）"等技术，维护团队能够从历史故障信息中提取有价值的洞察。例如，通过对过去软件版本的故障数据进行建模，团队可以识别出现频率高的故障类型，从而提前制定针对性的维护方案，降低未来更新的风险。这种基于数据驱动的精准决策方法，已被许多在大规模软件项目中成功应用，证明其可行性与实用性。

现代软件维护策略的构建，不能仅依赖单一框架或工具，而是需要综合考虑多种"软件工程方法论（Software Engineering Methodologies）"的结合应用，以实现最佳效果。例如，结合"持续集成（Continuous Integration，CI）"与"持续交付（Continuous Delivery，CD）"的实践理念，不仅仅是技术实施问题，更多是需要组织文化和流程上的重塑。这种方法能够在软件的每一个开发阶段，确保通过自动化测试与反馈机制，及时发现并解决问题，提高软件产品的整体质量。

在总结相关的实践经验时，值得注意的是现代软件维护策略的灵活性与可调整性。在面对工业变革、技术更新或市场需求变化时，软件团队必须要能够快速适应新的环境和条件。这就需要建立一套有效的维护评估标准和机制，以便在维护过程中定期审视项目进展，并根据实际情况进行调整与优化。采用"基于价值的维护策略（Value-Based Maintenance Strategies）"，可以从价值创造的角度出发，具体判断每项维护工作的必要性与紧迫性，以此提升资源的使用效率。

现代软件维护策略与实践不仅涵盖了标准化的维护流程，还需结合多种技术手段与方法论，通过数据分析、技术应用和理论框架的有机结合，促进软件系统持续、稳定地运行。只有这样，才能在日趋激烈的市场竞争中，使软件产品保持其活力与竞争力，实现长期的技术价值和经济效益。

三、软件测试与验证

现代软件维护是一个复杂且动态的过程，要求在不同的阶段实施一系列有效的策略与实践，以满足软件生命周期内不断变化的需求及技术环境。随着信息技术的迅猛发展，软件的复杂度和运行环境也随之增加，传统的维护方式已无法适应现代软件的需求。因此，合理的维护策略和系统化的维护实践显得尤为重要。在这一背景下，现代软件维护策略主要包括预防性维护（Preventive Maintenance）、纠正性维护（Corrective Maintenance）、增强性维护（Adaptive Maintenance）及完美维护（Perfective Maintenance）等。

预防性维护强调在故障发生前采取措施以避免潜在问题，这要求开发团队建立完整的风险评估模型，并依赖于准确的数据分析，例如利用"故障树分析（FTA）"和"失效模式与效应分析（FMEA）"等工具，识别系统中可能存在的故障模式和其影响。得益于这些分析方法，维护团队可以通过测试矩阵（Test Matrix）有效地设计测试用例，确保系统在新环境下的可靠性和稳定性。纠正性维护则是针对已经发生的故障进行修复，这要求开发人员具备快速诊断问题的能力，并能迅速实施补丁或更新。

在现代软件维护的流程中，多个环节相互关联，构成一个完整的生命周期维护体系。需求收集环节需充分考虑用户反馈及业务变化，这与"敏捷开发（Agile Development）"方法论密切相关，强调快速迭代与用户协作。接下来，在需求分析阶段，团队通过构建系统模型对现有软件进行详细评估，为后续设计和实施提供理论基础。在这个过程中，测试计划的制定是不可或缺的，通过识别系统的关键功能与性能指标，以"功能测试（Functional Testing）"和"性能测试（Performance Testing）"为核心，确保软件满足质量标准。

进入实施阶段后，软件测试与验证的过程至关重要。现代软件采用"持续集成（Continuous Integration）"和"持续交付（Continuous Delivery）"的理念，能够在开发过程中持续进行软件测试。这种技术的应用，需要充分运用开发运维（DevOps）的方法论，促进开发与运维之间的无缝衔接，提高整体软件质量。通过划分软件功能模块并结合测试矩阵，能够明确每个测试用例的目标，确保系统在不同条件下稳定运行。

在软件测试与验证中，真实世界的应用数据是检验软件稳定性和可靠性的基石。通过使用"用户验收测试（User Acceptance Testing）"，可以在软件交付前进一步完善其功能，以确保最终产品满足特定用户需求。例如，在大规模电子商务平台的维护过程中，开发团队不仅要关注软件本身的性能，还需要对用户的操作习惯进行深入研究，从而在软件的多次迭代中保障用户体验的连续性和一致性。

现代软件维护策略与实践的有效实施离不开系统化的流程设计及科学的工具应用。通过将预防性和纠正性维护相结合，保持与用户需求的同步并持续优化测试与验证流程，不仅能够提升生产效率，还能最大程度地减少软件生命周期内的风险。这一系列维护策略的实施，最终将促进软件产品的可持续发展与技术创新，为企业在快速变化的市场环境中保持竞争力提供强有力的支持。

第三节　现代软件维护的工具与技术

一、维护管理工具

在现代软件维护策略与实践的背景下，日益复杂的软件系统不仅需要在开发过程中持续优化，且在实际使用中亦需保持一定的维护程度，以确保其高效性与稳定性。具体而言，软件维护可被划分为纠正性维护（Corrective Maintenance）、适应性维护（Adaptive Maintenance）、完善性维护（Perfective Maintenance）及预防性维护（Preventive Maintenance）四大类。高效的维护策略需要融合多种技术手段及管理方法，通过持续的反馈机制及时识别并解决潜在问题。

以纠正性维护为例，其主要针对发现的软件缺陷进行及时修复，对用户反馈的故障进行分析，并运用根本原因分析法（Root Cause Analysis, RCA）来追溯问题的本源。研究表明，采用适当的缺陷跟踪工具，如"缺陷管理软件（Defect Management Software）",能够大幅提升问题处理的效率。数据显示,使用"JIRA"作为缺陷跟踪系统的团队,相较于未应用该工具的团队,故障修复效率可提高35%。这得益于"JIRA"提供的灵活性和可视化管理经验,使得维护团队能更好地协调工作流程。

在适应性维护的范畴内,软件需根据外部环境的变化（如技术标准、操作系统升级等）进行相应的调整与修改。此类维护通常需评估软件的依赖关系和集成架构。其中,采用"依赖关系图（Dependency Graph）"的技术手段,可以有效识别和分析软件各组件之间的相互依赖性,从而为适应性维护提供数据支持。例如,在某大型企业实施了操作系统升级后,通过建立依赖关系图,及时发现了多个组件的兼容性问题,结果在系统中发现了10处潜在的功能缺失。

完善性维护则专注于增强软件已有功能以满足用户的额外需求。这一过程不仅涉及软件代码的修改,还需要重新评估用户需求并进行相应的文档更新。针对这一需求,通过结合敏捷开发方法（Agile Development Method）,可以在维护过程中实现快速迭代。这种方法强调与用户的互动与反馈,使得软件维护在功能扩展与用户期望之间找到一个动态平衡点。

预防性维护则是通过持续监控软件运行状态及环境,提前识别潜在问题。这方面,基于"监控工具（Monitoring Tools）"的实施至关重要。例如,利用"New Relic"或"Prometheus"等监控工具,可以实时采集系统性能数据并进行分析,进而应用机器学习算法（Machine Learning, ML）预测可能出现的故障。这一措施大大减少了系统停机时间,优化了资源使用效率。

在现代软件维护的工具与技术中,以维护管理软件评估框架为基础,有助于全面理解维护过程中的各类关键环节。ITIL（Information Technology Infrastructure Library）方法框架为软件维护定义了服务管理的最佳实践,并在诸多领域得到了广泛应用。这一框架侧重于服务战略、服务设计、服务转换、服务运营及持续服务改进等方面,以全面提升软件服务管理的标准化与效率。

除此之外,项目管理工具如"Trello"和"JIRA"也在维护管理过程中扮演了重要角色。这类工具不仅有助于任务分配与进度跟踪,还能够通过丰富的插件与集成功能,增强协作与沟通的有效性。通过科学合理地运用这些工具，维护团队可在复杂的项目环境中保持高水平的执行力和响应速度，确保软件系统始终处于最佳运行状态。

现代软件维护策略的制定与实施需结合多种工具与技术，深入分析维护过程中所面临的各种挑战，以科学的方法论为指导，优化软件维护资源和运作模式，为企业的长期成功与持续发展奠定坚实基础。

二、软件测试工具

现代软件维护策略与实践所需的工具与技术是一个复杂而多层面的议题。在这一领域，随着软件生命周期的延展，维护的挑战和复杂性日益显著，研究者们亟需探讨并实施高效的维护策略。在当前的信息化社会中，软件不仅承担着基础功能的实现，更是促进各类业务高效开展的核心。因此，维护策略必须与软件功能及业务目标紧密对接，确保其在变更和升级中能够继续提供预期的服务。

针对现代软件维护策略，可以采用一系列方法论来进行深入研究。例如，"敏捷方法（Agile Methodology）"作为一种迭代开发方式，它颠覆了传统的瀑布模型，强调了与客户之间的持续沟通与反馈。通过这种方法，软件维护可更加灵活地应对需求变化。"持续集成与持续交付（CI/CD）"的概念引入，使软件更新与维护能够高效且频繁地进行，促进了全生命周期的质量保障。

然而，仅有有效的策略并不足以确保软件的维护质量，配套的工具与技术同样至关重要。在这一背景下，现代化的维护工具应具备多种功能以支持各种维护活动，例如日志监控、性能分析以及错误追踪等功能的整合，这些均有助于维护工程师及早识别潜在问题并进行所需的调整。通过有效的分析与决策支持系统（DSS），维护团队可以依据实时数据做出科学合理的调整，有助于提高维护工作的效率与成功率。

在评估与选择适合的测试工具时，多种标准需要被考虑。比如，从功能角度出发，所选择的工具必须支持自动化测试、负载测试以及性能测试等多种需求，从而覆盖软件运行的各个方面。性能方面则要求工具在处理大规模数据和多用户场景下展现出良好的稳定性与响应时间。易用性同样不可忽视，选择易于上手且可用于团队协作的工具，可以显著提升维护团队的工作效率。

对于具体的测试自动化工具的选型,"Selenium"与"JUnit"便是广泛应用的典型例子。Selenium 作为一种开源的自动化测试框架,支持多种浏览器和平台,能够执行高效的浏览器端的功能测试。结合其强大的 API 支持,开发者能够快速进行多场景测试,以确保软件的可用性和稳定性。相对而言,JUnit 则是针对 Java 应用开发而设立的测试框架,提供了一整套简便的单元测试工具。它的优势在于能够容易地集成到持续集成环境中,从而实现自动化测试与构建的集成。

在实践中,不同企业可以根据自身的项目需求和业务特性,对测试工具做出适当的组合和应用。例如,有些组织在进行 Web 应用维护时,倾向于利用 Selenium 进行功能性回归测试,同时结合 JUnit 实现单元测试。这种组合能够保障多层次的测试覆盖,使得软件在更新、修改时,维持较高的质量及用户满意度。

现今的软件维护策略与实践在工具与技术的应用上,正朝着规模化、自动化、智能化的方向发展。研究者与工程师需密切关注维护工具的演进,每一个选择必要基于科学的评估标准,确保所采用的工具能够在提升软件质量与降低维护成本的同时,满足日益多样化的用户需求。这将为软件维护的可持续发展奠定坚实的基础。

三、DevOps 在软件维护中的应用

现代软件维护的复杂性与多样性,要求开发与运维团队采用更加灵活且高效的管理方法。其中,DevOps 作为一种新兴的文化与技术融合的范式,为现代软件维护提供了前所未有的机遇与挑战。其核心理念在于通过促进开发与运维团队的协作,缩短软件交付周期,提高软件质量,从而实现持续交付与快速反馈。

在具体的维护策略上,团队可以结合持续集成(Continuous Integration, CI)、持续交付(Continuous Delivery, CD)等实践,优化软件的生命周期管理。通过自动化构建、测试、部署等流程,团队能够实时监测软件运行状态,快速定位并修复潜在的问题。例如,通过使用开源工具如"Jenkins"或"Travis CI",开发团队可以实现代码提交后的自动化测试,从而在早期阶段发现缺陷,显著降低后期维护成本。实时监控和日志分析工具,如"Prometheus"和"ELK Stack"的使用，使得运维团队能够及时响应系统异常，确保系统的高可用性与稳定性。

在现代软件维护过程中，合适的工具与技术显得尤为重要。正如"DevOps工具链模型"所示，工具的整合与应用不仅能提升团队的协作效率，还能帮助实现质量保障与风险管理。例如，"Docker"技术的使用，使得应用部署变得轻量化和便捷，降低了环境依赖带来的风险。同时，基于"Kubernetes"的容器编排工具，能够有效管理微服务架构中的多个应用实例，确保服务的自动扩展与负载均衡，从而提高运行中的灵活性和弹性。

DevOps不仅重塑了软件的开发流程，更重要的是其在维护阶段的应用，进一步推动了维护过程的社区化及自动化。在这一过程中，团队需要尤其注意文化与技术的结合，促进持续的学习与分享。在这一背景下，案例分析则是一种有效的方式，以实际成功与失败的经验引导团队改进维护策略。例如，某金融科技公司在实施DevOps转型后，通过对自动化测试与监控的部署，维护团队将系统的故障恢复时间（Mean Time To Recovery, MTTR）缩短了约40%。这样的实证数据支持了DevOps在提高系统稳定性和维护效率方面的有效性。

现代软件维护的探索与实践，不仅需要依赖先进的技术与工具，更需构建一个促进团队协作与知识共享的文化生态。尤其是在DevOps理念的指导下，团队能够不断优化自身的维护策略，提升软件系统的整体健康度，确保业务目标的顺利实现。随着技术的进一步发展，未来在软件维护领域中，DevOps将继续发挥关键作用，促进软件质量与业务价值的双重提升，促使我们朝向更加智能化和自动化的方向发展。

第四章　数据收集与分析在信息维护中的应用

第一节　数据收集的概念与重要性

一、数据收集的定义

在现代信息技术高速发展的背景下，数据收集已成为信息维护的重要组成部分。在计算机软件信息的管理中，数据收集的有效性直接影响到系统的稳定性与安全性。根据"信息采集模型（Information Capture Model）"，数据收集的过程应被视为一个多层次的动态系统，涉及不同层次的数据原理与技术方法。这一模型强调数据在收集过程中的多样性和复杂性，同时也提炼出数据收集的基本要素、特征及其在信息维护中的作用。

数据收集的定义在于系统化地获取与信息维护相关的各类数据，包括用户活动记录、错误日志、系统性能指标等。这些数据不仅为技术支持提供实时反馈，还为后续的数据分析和决策制定提供了坚实的基础。通过对目标数据源的选择、获取手段的多样性以及数据的准确性进行系统考量，数据收集过程得以优化和提升。需要指出的是，数据收集并非孤立的操作，而是与信息技术框架、系统架构及安全策略紧密相连，形成一个有机的整体。

数据收集的重要性体现在多个维度。从技术层面上看，及时、准确的数据能够显著提高问题识别与解决的效率。例如，通过实施"监测与告警系统（Monitoring and Alert System）"，企业可在系统出现异常状态时，依据历史数据和实时数据进行快速响应。而从战略层面，数据收集为企业制定长期发展策略和技术改进提供了重要依据。通过对历史数据的趋势分析和数据挖掘，企业不仅可以识别潜在的问题，还能发现新的市场机会与优化方向。

进一步而言，数据收集机制的设计应遵循科学性与系统性的原则。在实现数据自动化收集的过程中，如何选择合适的技术手段和工具至关重要。例如，使用"事件驱动架构（Event-Driven Architecture）"可以使数据的实时收集与响应成为可能，从而最大化地提升维护效率。与此同时，运用"数据清洗（Data Cleansing）"与"数据整合（Data Integration）"技术，可以确保收集到的数据的质量与一致性，为分析阶段的进一步研究打下坚实的基础。

例如，在一个大型软件系统的维护过程中，管理者可以通过部署"用户行为分析工具（User Behavior Analytics, UBA）"，收集用户与系统交互的各类数据。该工具能够将用户活动转化为可操作的信息，从而使开发团队掌握用户的实际需求及问题。这一过程还能够通过投射分析（Projection Analysis）与可视化工具，帮助决策者迅速洞察系统的表现与潜在的改进领域。

数据收集不仅体现在技术操作层面，它更承载着管理与决策的重要使命。在信息维护这一复杂的领域，构建以数据驱动的合理论证框架，对于提升信息管理效率、制定有效的维护策略、优化系统架构具有显著意义。因此，未来的研究需持续关注数据收集技术与方法的创新，以应对日益复杂的信息管理挑战。这将促进数据收集在信息维护中的实际应用价值，推动整个行业的持续发展与进步。

二、数据收集中的挑战

在现代信息管理理论框架的指导下，数据收集作为信息维护中的核心环节，具有不可或缺的重要性。具体而言，数据收集不仅是获取信息资源的基础，而且是后续分析与决策的前提。通过对数据的准确性、完整性和及时性的监控，能够提升系统在动态环境中的应变能力。而在实际操作中，数据收集的有效性和效率常常受到多种因素的制约。

数据收集的概念聚焦于系统地获取与信息维护相关的各种数据，这些数据包括用户活动记录、系统性能指标、故障报警信息等，进而转化为可供分析的基础材料。通过采用先进的数据获取技术，例如"网络爬虫（Web Crawlers）""数据挖掘（Data Mining）"以及"大数据分析（Big Data Analytics）"等多种手段，组织能够实现信息的全面监控与记录。以定量数据为主的数据收集方法，如使用"传感器网络（Sensor Networks）"以及"用户行为分析（User Behavior Analysis）"等能够在高频次条件下记录细致入微的数据，对后续的信息维护提供了实证支持。例如，通过对系统日志文件的细致分析，可以识别出潜在的安全漏洞，进而进行及时修正以避免数据泄露。

然而，数据收集并非在任何情况下都能顺利进行。在当前信息维护的复杂性增加、数据污染以及隐私保护法规不完善的背景下，数据收集面临诸多挑战。数据的多样性和异构性使得数据整合变得极为复杂，需要采用"数据融合（Data Fusion）"等技术，以应对数据来源的差异和格式的不一致。数据质量问题也给数据收集带来了重重障碍。例如，数据的缺失、冗余和错误信息都可能影响后续的分析与决策，降低信息维护的效率。为此，进行"数据清洗（Data Cleansing）"和"数据验证（Data Validation）"的环节至关重要，它可以确保所收集数据的可靠性和有效性。

在应对以上挑战时，SWOT分析（SWOT Analysis）作为一种传统而有效的战略管理工具，能够为组织在数据收集与分析的过程中提供重要的参考与指导。通过这种分析工具，组织能够识别出在数据收集环节的"优势（Strengths）"与"劣势（Weaknesses）"，同时评估外部环境中的"机会（Opportunities）"与"威胁（Threats）"。例如，在优势方面，若一个机构已经拥有先进的数据分析基础设施，这将为其在数据收集上提供便利。然而，劣势可能来源于较低的技术执行水平或数据保护不足，这恰恰是需要在未来信息维护战略中克服的重要短板。

除了技术因素，法律与伦理问题也需引起重视。随着《通用数据保护条例（GDPR）》等法规的实施，数据收集的合法性、透明性与用户隐私保护成为新的挑战。组织需要在遵循法律的基本原则下，探索数据采集的方法与途径，以确保合法合规。因此，进行相关的法律法规培训及建立严格的内部审计机制，是提升信息维护体系数据收集水平的重要手段。

数据收集在信息维护中的应用不仅要求组织具备先进的技术手段与工具，还需深刻理解所面临的挑战与限制。通过SWOT分析这种策略工具的运用，组织能够更全面地评估数据收集的现状与未来发展方向，为信息维护的高效性和科学性奠定坚实的基础。实际上，面对不断变化的技术环境与日益增多的信息安全需求，数据收集的有效性将直接影响到整个计算机软件信息维护与管理的方法的实施效果。

第二节　数据分析在信息维护中的作用

一、数据分析的基本概念

在信息维护的领域中，数据收集与分析的作用愈发凸显。信息维护涉及对计算机软件系统中的各种数据进行管理和更新，而这些数据随着系统的使用、反馈及外部环境的变化而不断演变。因此，数据收集（Data Collection）不仅是信息维护的基础，更是保障信息质量及系统运行效率的前提。在这一过程中，针对不同类型的数据源，包括结构化数据（Structured Data）和非结构化数据（Unstructured Data）的获取与整合，显得格外重要。

例如，在企业管理软件中，用户行为生成的日志数据和用户反馈可被系统化地收集，从而形成对用户需求的深入理解。这一过程需要应用各种现代数据收集技术，比如自动化数据采集（Automated Data Capture）工具，如网络爬虫（Web Scraping）和传感器数据采集（Sensor Data Acquisition）。经过系统化的数据收集后，通过数据预处理（Data Preprocessing）将数据转化为适合进一步分析的格式，可以显著提高后续分析的效率和准确性。

在数据分析（Data Analysis）过程中，统计学（Statistics）和机器学习（Machine Learning）方法常被应用以提取数据中的指导性信息。通常，数据分析涉及多个步骤，包括描述性分析（Descriptive Analysis）、诊断性分析（Diagnostic Analysis）、预测性分析（Predictive Analysis）及规范性分析（Prescriptive Analysis）。这些分析方法的应用，使得信息维护过程中的各个决策环节充满了数据驱动（Data-driven）特征，从而增强决策的科学性和合理性。

以使用聚类分析（Clustering Analysis）为例，软件企业可以将客户划分为不同的群体，从而制定差异化的维护策略。例如，通过对用户行为的深入分析，企业可识别出高价值客户（High-Value Customers）与低价值用户（Low-Value Users），进而采取不同的客户维护措施。这不仅能够优化资源的配置，还能够提升用户的满意度与黏性。

在探讨数据分析的基本概念时，我们必须强调数据的重要性如何通过合适的技术手段转化为可用的信息。数据的质量评估（Data Quality Assessment）是保证信息有效性的第一步，其中包括准确性（Accuracy）、完整性（Completeness)、及时性(Timeliness)及一致性(Consistency)等多个维度的考量。数据质量的评估有助于减少信息维护中的冗余和错误,从而提高维护效率。

在信息维护的具体应用中,数据分析不仅仅限于静态数据的整理,动态数据中的实时分析(Real-Time Analysis)也同样重要。例如,采用实时数据监测技术(Real-Time Data Monitoring)可以帮助维护团队实时获取系统运行状态,以快速响应潜在故障(Potential Failures)并采取措施,防止系统宕机(Downtime)及数据丢失(Data Loss)。

在数据分析的过程中,需注意分析结果的可视化(Data Visualization),这不仅可以帮助决策者更直观地理解数据,还能在团队不同部门间沟通时发挥重要作用。通过有效的数据可视化工具,信息可以被升级为知识(Knowledge),从而推动信息维护策略的制定和优化。

数据收集与分析在信息维护中扮演着至关重要的角色。通过科学的处理和分析方法,可以有效提高信息维护的质量和效率,从而保障计算机软件系统的长久稳定运行。未来的研究可以进一步探索新的数据分析工具及方法,以更好地应对信息维护所面临的挑战,推动技术的高效落地与应用。

二、数据分析与决策支持

(一)数据分析如何影响管理决策

在当今信息技术飞速发展的背景下,数据收集与分析在软件信息维护中扮演着至关重要的角色。有效的数据收集不仅可以确保信息的准确性和及时性,还有助于形成良好的信息生态,从而提高管理效率。通过对数据来源的全面剖析,包括内部数据库、用户反馈和市场分析等,管理层能够获取更为全面的信息。这一过程涉及"数据清洗(Data Cleansing)"与"数据整合(Data Integration)"等技术,使得原始数据能够经过处理达到可用状态,为后续的数据分析奠定基础。

数据分析在信息维护中的作用尤为突出,主要表现在通过数量化的指标进行实时监测与评估上。运用"描述性统计(Descriptive Statistics)"和"推断性统计(Inferential Statistics)"等统计学方法,软件管理团队能够从数据中提取出具有代表性的信息,并发现潜在的问题和优化空间。例如,若软件故障的频率数据集显示某一特定模块的错误发生率显著高于其他模块,那么该信息为后续维护工作提供了明确的指引。此时,"回归分析(Regression Analysis)"作为一种能够帮助识别变量间关系的重要工具,便可被用于深入探讨故障产生的根本原因,从而有效优化软件架构。

在数据分析与决策支持的结合上,决策树分析(一种机器学习算法)在决策支持系统中体现了其战略价值。该方法通过构造决策模型,能够分层次地分析不同变量之间的因果关系,使管理人员在面对复杂的问题时能够做出科学的决策。从用户行为分析到故障预警,决策树通过可视化的方式,为不同决策方案提供了优缺点的比较。相关案例显示,通过实施基于决策树的预判系统,某知名企业在维护效率上提升了15%,同时软件的用户满意度也有显著改善,充分体现了这一工具在信息维护中的应用价值。

更进一步地,数据分析对管理决策的影响已经不仅局限于改善现有的维护流程,而是逐渐向战略层面拓展。随着"大数据(Big Data)"及"人工智能(AI)"技术的日益成熟,管理者可以借助强大的数据分析能力进行深度学习和知识发现,预测市场动向与客户需求。这些分析结果不仅能解决实践中的具体问题,还能够引导管理层制定长远战略。例如,通过潜在客户交易行为的分析,企业能够主动识别出市场细分趋势,并及时调整产品策略以适应变化。"情景分析(Scenario Analysis)"作为一种预测工具,可以帮助管理者在不确定的市场环境下评估不同管理决策的潜在后果,提高决策的科学性与准确性。

数据收集与分析在软件信息维护中是不可或缺的组成部分。通过合理的方法论框架,结合数据分析技术如决策树及其他因果关系分析工具,管理人员不仅能够实现对现有信息的有效维护,还能在此基础上优化策略、演化流程,最终为企业带来更大的价值。随着信息时代的深入发展,这一领域的研究与实践仍需不断推进,以适应瞬息万变的市场环境与技术进步。

(二)数据分析在风险管理中的应用

在当前信息时代,数据收集与分析在信息维护中特别是在提升计算机软件的可维护性和稳定性方面扮演着至关重要的角色。数据收集的方式主要包括从用户反馈、系统日志、性能监控及其他相关渠道获取的定量与定性数据。通过技术手段，如"数据挖掘（Data Mining）"和"统计分析（Statistical Analysis）"，研究者能够从庞大的信息中提取出有价值的知识，并为后续的信息维护决策奠定理论基础。

具体而言，数据分析不仅能够揭示系统性能的潜在瓶颈，还能够帮助开发者理解用户行为与需求。例如，在某一软件的使用过程中，通过"用户行为分析（User Behavior Analysis）"，开发者能够识别出功能使用频率及用户流失点，进而制定有针对性的优化策略。在此过程中，"可视化工具（Visualization Tools）"的应用，使得数据的呈现更为直观，易于管理层进行判断与决策。

在此背景下，数据分析作为决策支持系统的核心组件，其在信息维护中的作用愈发显著。通过构建复杂的数据模型，企业可以实现"预测性维护（Predictive Maintenance）"，从而提前识别并解决潜在风险。这种方法论依托于"机器学习（Machine Learning）"等前沿技术，将历史数据与实时数据相结合，有效提升了决策的时效性与准确性。例如，某大型软件公司通过对其用户反馈的数据分析，发现特定版本的回馈出现频率显著提升，最终促使其快速推出了修复补丁，有效降低了因软件故障而造成的用户流失。

在风险管理的应用启示上，数据分析提供了实证依据，尤其是在构建"风险评估模型（Risk Assessment Models）"时显得尤为重要。以"风险评估矩阵（Risk Assessment Matrix）"为基础，企业能够对潜在风险进行合理的等级划分，进而制定出切实可行的应对措施。具体而言，企业通过对数据的归纳与分析，可以在风险评估矩阵中清晰地标识出风险发生的概率和影响程度，系统性地优化其资源配置与应急预案。

例如，在一个面向金融行业的软件项目中，通过数据分析，企业发现某些功能模块在高并发环境下出现了性能下降的趋势。依据"风险评估模型"，管理层迅速做出了风险应对决策，比如临时限流或优化代码逻辑，在一定程度上保护了系统性能的稳定性，避免了更为严重的结构性风险。

数据分析在信息维护的同时，也对企业的软件持续改进起到了推动作用。企业可以通过不断的数据回馈与优化循环，持续提升自身的技术栈与产品质量。这种基于数据驱动的方法有助于提升团队的应变能力，在竞争激烈的市场环境中占据优势地位。

数据收集与分析在信息维护中的应用，不仅为决策提供了充分的支持，也为风险管理引入了科学的依据。通过应用"风险评估矩阵"，企业能够在动态变化的技术环境中，实时识别和应对潜在风险，从而实现更为稳健和高效的信息管理。进一步而言，随着数据分析技术的不断提升，其在信息维护中的作用将愈加显著，最终推动整个软件行业的进步与发展。

三、未来发展趋势

在信息维护及管理的领域，数据收集与分析作为一种核心技术，日益成为确保信息系统可靠性与有效性的基础。通过实施系统化的数据收集方法，例如通过"定量调查（Quantitative Survey）"与"定性访谈（Qualitative Interview）"，研究者能够获取更为全面且精准的数据集。这些方法在多样化的信息维护需求背景下，提供了博弈理论（Game Theory）与复杂网络分析（Complex Network Analysis）的支撑，使得对信息维护的评估与优化始终基于科学的数据基础。

具体而言，数据分析在信息维护中发挥着不可或缺的作用。例如，利用"关联规则挖掘（Association Rule Mining）"技术，我们可以揭示出系统中隐含的模式，通过分析过往的故障数据，识别出潜在风险区域。此技术不仅能够帮助管理者优化维护策略，还能够更加有效地配置资源，降低成本，提升信息系统的可用性与安全性。通过实施"预测分析（Predictive Analytics）"，信息系统可以在潜在故障发生前进行预警，形成一种主动维护的机制。相关案例表明，某大型企业通过该实施方法，将其系统故障率降低了30%，这一成功的实例充分展示了数据分析对信息维护的实际效益。

数据收集与分析不仅仅局限于对现有数据的应用，还可以引导今后的研究方向。在新兴技术快速发展的背景下，例如"区块链技术（Blockchain Technology）"与"大数据（Big Data）"的集成应用，将为信息维护提供更丰富的数据支持。例如，区块链的去中心化特性能够提高数据的安全性和透明度，从而为信息维护活动提供一个更为公正的基础。大数据则通过分析海量信息，为信息维护提供更加准确的决策依据。结合使用这些新兴技术与数据分析框架，将会为信息维护提供一种全新的视角和策略，支持更为精确与高效的管理方法。

展望未来，信息维护的趋势将明显向智能化与自动化发展。随着机器学习（Machine Learning）与人工智能（Artificial Intelligence）的迅速普及，这些技术将在信息维护中扮演愈加重要的角色。未来的信息维护不仅仅依赖于传统的数据处理技术，更多的是对智能算法的依赖，算法模型能够通过不断学习并优化维护策略，提供近乎实时的系统监控和故障响应能力。如在某一家企业中，利用深度学习（Deep Learning）模型来进行系统性能监控，其故障预测的准确性高达90%以上，展现了新技术在信息维护中的巨大潜力。

随着云计算（Cloud Computing）的发展，信息维护的另一趋势是向服务化转型。通过云平台，企业能够共享资源和数据，减少单一企业对信息维护的依赖，实现信息的集中管理与分层维护。这一转型不仅提升了信息的可视化管理程度，而且为跨地域信息维护提供了可能的解决方案。企业在享受云服务带来的便利的同时，也需要建立适应新环境的维护体系，以应对潜在的风险和挑战。

数据收集与分析在信息维护中具有重大的应用价值，通过有效的数据分析方法与理论框架，能够显著提升信息系统的维护效率与安全性。同时，随着技术的进步，未来信息维护的智能化与云化趋势将为其发展开辟新的路径，为决策者提供更加科学与有效的管理思路。

四、数据整合的必要性

在计算机软件信息维护与管理的过程中，数据收集与分析扮演着至关重要的角色。通过有效的数据收集，组织和分析策略，能够为信息维护提供准确的基础，促进数据驱动决策的实现。在此背景下，数据集成活动，例如抽取、转换与加载（ETL、Extract、Transform、Load）过程，成为确保数据质量与完整性的关键方法。在实际操作中，这一框架不仅能有效整合分散于不同数据库中的信息，还能够为后续的分析和维护提供坚实的基础。

数据分析在信息维护中的作用不可小觑。具体而言，当数据收集阶段完成后，进行适当的数据分析不仅有助于识别潜在的问题领域，还能揭示数据源中的异常模式。例如，在软件故障管理中，通过对历史故障数据的深度分析，可以识别出特定版本中存在的漏洞及其根本原因。这一过程不仅让维护团队能够事先预警，还能合理配置资源以应对可能的技术障碍。进一步地，应用例如多维数据分析（MDOL），通过构建数据立方体（Data Cube），提升对复杂数据集的洞察力，从而为策略制定提供更为精准的参考依据。

在整个信息维护过程中，数据整合的必要性同样显而易见。随着业务流程的日益复杂与多样化，数据源的多元化使得数据管理工作面临前所未有的挑战。在此背景下，数据整合显得至关重要，通过统一的数据视图，能够帮助决策者获取关于系统性能和效率的各维度信息。数据整合不限于物理数据的汇聚，还必须关注数据语义层面的整合，以确保在不同信息系统间保持数据的一致性与连贯性。案例分析表明，许多企业在采用数据整合之后，能够切实提升信息的可用性，进而推动决策过程的有效性。

通过分析各类数据，信息维护人员能够利用统计推断和预测分析（Predictive Analysis）等高阶分析技术，提前识别系统潜在风险，优化维护策略。例如，对于一个大型企业的客户服务软件，通过趋势分析与事件序列分析，维护人员能够洞察到高峰期客户访问的模式，并适时调整服务器负载，避免由于流量激增导致的系统崩溃。此类数据驱动的维护方法不仅提升了系统的可靠性，还改善了用户体验。

数据收集与分析在信息维护中的应用，远超传统的监控与维护过程。精准的数据分析与有效的数据整合对此类应用的成功至关重要。依托于数据整合框架，信息管理可以实现既定的维护目标，而当今信息系统的高度复杂性要求维护团队具备更加专业的知识与技能，以适应动态变化的业务环境。面对大数据背景下不断攀升的维护需求，单靠人工分析已无法满足实时反应的需要。因此，持续推动数据集成技术的应用与创新，将是提高信息维护效率的关键所在。最终，这一系列数据收集、分析与整合的措施，将助力组织在瞬息万变的市场环境中，保持信息系统的稳定性与安全性。

第三节　数据收集与分析案例研究

一、成功案例分析

在当前数字化快速发展的背景下，数据收集与分析在计算机软件信息维护与管理中发挥着越来越重要的作用。信息维护的有效性不仅依赖于管理策略的制定，还在于数据的准确性和实时性。因此，理解数据收集和分析的技术架构及其应用场景应成为研究的重中之重。

数据的收集过程可视作信息维护的第一步，其精确性直接影响后续的分析结果。在信息管理领域中，采用"在线分析处理（OLAP）"和"数据挖掘（Data Mining）"技术，可以快速而精确地从大量数据中提取所需信息。尤其是在处理复杂数据集时，运用"机器学习（Machine Learning）"模型实现自动化数据处理，能够显著提高处理效率和结果的准确性。

通过对收集到的数据进行分析，相关决策者能够洞察潜在的趋势与模式，进而为信息维护制定有效策略。例如，在某企业的案例研究中，运用"统计分析（Statistical Analysis）"方法对软件维护数据进行回归分析，识别出影响维护效率的关键因素。这不仅优化了资源分配，还降低了软件系统的故障率。根据分析结果，企业投入更多资源于高频故障区，成功实现了维护成本的降低。

在成功案例分析的过程中，可以依托"关键成功因素分析（Critical Success Factors Analysis）"框架，探讨在信息维护中尤为关键的若干因素。例如，在一个大型金融服务机构，数据整合与共享的高效性被识别为提升信息维护质量的关键因素。通过实施集中式数据管理系统，实现了信息流的实时更新和监控，从而增强了信息的可靠性与安全性。

结合定量和定性分析手段，研究者可以在案例分析的基础上，深入探讨数据收集与分析对于信息维护的长远影响。通过对照数据质量标准进行监控，分析数据收集过程中可能出现的偏差，能够有效提高信息维护策略的科学性和前瞻性。数据隐私与安全性问题也需在信息维护的框架内进行充分考量，这不仅是保护用户权益的必要措施，也是保证企业合规运营的重要环节。

综上，以上探讨不仅揭示了数据收集与分析在信息维护中的重要性，也指出了在具体实施过程中可能面临的挑战与机遇。展示出在科学技术迅猛发展的今天，如何通过合理的数据管理策略提升计算机软件的信息维护水平，从而推动管理效率的提升。透过案例研究，我们可以看出，通过定量数据和定性数据结合分析的做法，无疑为有效应对复杂的管理问题提供了一种多维视角，进一步强调了数据驱动管理的重要性以及未来在这一领域持续探索的必要性。

二、失败案例分析

在计算机软件的信息维护与管理过程中，数据收集与分析作为基础性操作，扮演着至关重要的角色。良好的数据收集策略和严谨的数据分析过程能够为软件信息的有效维护提供强有力的支持，伴随而来的则是软件性能与稳定性的显著提升。通过构建多层次的数据收集体系，结合定量与定性分析方法，可以确保数据的全面性与可靠性，进而让管理人员能够做出科学的决策。

具体而言，数据收集策略应包括用户反馈的收集、操作日志的监测、以及运行环境参数的记录等。用户反馈通过问卷调查（Questionnaires）或在线反馈表单的方式收集，能够及时了解用户在使用软件过程中的体验与遇到的问题。操作日志则涉及系统行为与事件的实时追踪，这一过程不仅为后续的故障排查提供依据，还能够为软件性能优化提供数据支持。运行环境参数的记录可帮助维护人员分析不同环境条件对软件运行的影响，在故障分析中，往往能够揭示出潜在的环境因素导致的问题。

在数据分析阶段，采用根本原因分析（Root Cause Analysis）和失误分析法（Lessons Learned Analysis）等多种工具与框架，研究者能够挖掘出影响软件信息维护效率的深层原因。例如，通过失误分析法，可以收集并分析历史维护过程中出现的问题，识别出共性的问题类型和潜在的系统性原因。相关数据的归纳与总结不仅能够为规避未来类似问题提供宝贵的经验参考，更能够为软件整体的管理策略与调整提供数据支撑。

为了更好地诠释上述理论，以下针对数据收集与分析进行案例研究：某大型企业在实施一款新型企业资源规划（Enterprise Resource Planning, ERP）软件时发现，用户在数据录入阶段频繁出错，影响了整个系统的信息流动性。研究团队首先通过用户反馈与操作日志识别出了问题的高发率，并进一步运用失误分析法，对用户操作过程中的失误类型进行了详细分类。结果显示，用户在特定字段中常常输入不符合格式的数据信息。针对这一问题，企业随即调整了软件的输入界面，通过添加实时格式校验功能，有效降低了数据录入错误的发生率。该案例印证了数据分析在信息维护中的重要性，以及通过科学分析所带来的解决问题的高效性。

然而，在实际信息维护过程中，失败案例同样值得深入探讨。某初创企业在软件更新过程中，未能充分收集用户在旧版软件中的使用数据与反馈，导致更新版本中的某些功能被提前替换，而未考虑用户的真实需求。最终，更新后的软件遭遇大量用户流失及负面评价。结合根本原因分析，该案例中的失误显然是由于管理层未能对用户反馈数据进行系统化收集和深入分析，缺乏必要的前期调研，致使软件更新偏离市场需求。因此，在整个软件信息维护的工作中，系统而规范的数据收集与分析弥足珍贵。

数据收集与分析在信息维护中的应用不仅提升了维护效率，更通过案例研究与失败案例分析，为软件管理策略的调整提供了路径依据。通过进一步加强数据驱动的管理方式，企业能够在复杂多变的市场环境中有效保持软件系统的高效稳定运行，实现信息维护与管理的最优化。

三、典型行业案例分析

（一）IT行业的数据管理实践

在信息维护与管理的过程中，数据收集与分析作为基础环节，构成了系统化流程的重要组成部分。数据（Data）可视为信息的原材料，只有通过科学的收集与严谨的分析，才能够驱动决策制定和策略优化。在这一过程中，首先需明确数据的来源，即通过问卷调查、访谈、网络爬虫及传感器等多种形式收集数据，从而全面了解信息维护的现状。针对收集到的数据，运用统计学（Statistics）与数据挖掘（Data Mining）等技术手段，对数据进行处理与分析，发掘潜在的信息价值，以制定出有效的管理策略。

通过案例研究的方式，不仅能够系统化地展示数据收集与分析的过程，还可以深入探讨成功实现信息维护的实际效果。例如，在某知名科技公司中，研究团队首先通过网络调查的方式收集大量用户反馈数据，运用多元回归分析法（Multiple Regression Analysis）对数据进行探讨，发现了在软件功能上亟待提升之处。数据分析的结果结合机器学习（Machine Learning）技术建立了改进建议模型，为后续的软件迭代和产品升级提供了科学依据。

更为重要的是，此案例中涵盖了数据可视化（Data Visualization）工具的运用，借助于图表（Graphs）及数据仪表板（Dashboards），将复杂的数据结果以图形化的方式展现，既增强了决策者的理解，也提高了信息传递的效率。这充分表明，系统化的数据收集与分析可以极大地提升信息维护的科学性及实用性。

在当前数据驱动的背景下，各行各业均意识到数据收集与分析的重要性。其中，金融行业作为通过信息处理来保障资金融通的重要领域，愈加凸显了数据维护的必要性。通过建立完善的客户关系管理系统（Customer Relationship Management, CRM），华尔街某大型投资公司在客户数据搜集方面采取了更为精细的策略。他们通过实时监控系统，自动收集客户交易记录、市场动态及舆情分析数据。

在数据分析环节，该公司通过构建基于大数据分析（Big Data Analytics）的算法模型，尤其应用聚类分析（Cluster Analysis）与时间序列分析（Time Series Analysis），精确识别出客户需求的变化趋势与潜在风险。这种方式不仅优化了客户体验，还提升了投资决策的精准性。由此可见，行业案例的借鉴为我们提供了可行的实践路径，突显了数据收集与分析在信息维护中的重要性。

不可否认，IT行业因其高速度、高频率地更新与迭代，尤其需要构建完善的数据维护机制。在这一背景下，某知名软件开发公司正实施一种全面数据管理（Data Governance）策略，以保证数据质量（Data Quality）和数据安全（Data Security）。其方法包括定期的数据审计与质量评估、数据清洗（Data Cleaning）等，以确保所收集数据的准确性和可靠性。

该公司还建立了跨部门的数据协作机制，利用企业数据仓库（Data Warehouse）整合各类信息，构成统一的数据视图。在数据分析的过程中，通过引入可预测分析（Predictive Analytics）与描述性分析（Descriptive Analytics），实现对数据趋势与模式的深度理解，从而维持信息的持续更新与有效维护。这进一步证明，IT行业的数据管理实践，依赖于全面而严谨的数据收集、处理与分析过程，进而形成了科学决策支持体系。

数据收集与分析在信息维护中的应用不仅是对各种信息资源的有效整合，还是提升管理决策精准度的重要途径。通过案例研究的探讨，可以看出，随着技术的进步和数据管理理念的不断更新，全面的数据管理将成为信息维护工作中必不可少的核心环节。

(二)制造业的数据维护与分析

在现代信息化时代背景下,数据收集与分析在软件信息维护中扮演着至关重要的角色。从数据的收集角度看,准确而高效的数据获取途径是保证信息维护工作顺利开展的前提。通过设立系统化的数据接口,能够自动化地对用户操作记录、系统运行状态等进行实时监测,并应用"数据挖掘(Data Mining)"技术分析相关数据,形成可视化报表,揭示潜在的系统性能瓶颈。例如,通过收集用户反馈数据并利用"情感分析(Sentiment Analysis)"技术,我们能够评估用户对软件的满意度及其隐含需求,从而指导后续的维护决策。

在数据分析方面,选用适宜的分析方法尤为重要。运用"描述性统计(Descriptive Statistics)"和"推断性统计(Inferential Statistics)"结合的方法,能够在了解现有数据特征的基础上,推断系统未来的性能趋势。这无疑为信息维护方案的制定提供了科学依据。例如,一项关于用户访问日志的研究表明,通过细致的统计分析,可以识别出用户的使用高峰期,从而进行合理的资源调配,实现系统的最佳运行状态。

为深入探讨数据收集与分析的实际应用,我们选择了一些具体的案例进行讨论。一方面,通过对某大型电商平台的订单流转数据进行分析,我们发现其订单处理时间的波动与数据丢失存在显著相关性。基于"六西格玛(Six Sigma)"分析工具,该平台采用DMAIC(定义、测量、分析、改进、控制)流程识别并改进数据维护的关键环节,从而实现了订单处理效率提升30%的成效。此案例不仅突显了数据分析的必要性,还证明有效的数据维护对提升系统效率的直接贡献。

在典型行业案例方面,制造业的数字化转型为数据收集与分析提供了丰富的实践场景。一家制造企业通过实施物联网(IoT)技术,实现了设备状态实时监控,进而在其生产过程中收集各类运行数据。这些数据被输入至基于"实时数据分析(Real-time Data Analytics)"的维护管理系统,运用数据可视化工具如"流程图(Flowchart)"与"价值链分析(Value Chain Analysis)",使得各个生产环节的性能一目了然,最终帮助企业优化了生产流程,并降低了缺陷率，达成了"零缺陷（Zero Defects）"的质量目标。

数据收集与分析在信息维护中的应用不仅为软件信息维护提供了科学的理论基础，还通过实际案例验证了其在提升系统效率、响应用户需求及降低管理成本方面的有效性。在持续推动软件信息维护工作的过程中，结合"六西格玛"的系统化方法论，将有助于实现数据驱动的决策，从而提高对复杂系统的管理能力，确保其在动态发展的环境中维持高效与稳定。通过不断优化数据维护策略，以精准化、智能化的方式引导企业在竞争激烈的市场中立足，将成为未来信息维护的重要发展趋势。这一过程不仅需要技术的支持，更需要从管理层到操作层的全面协同，以形成合力，实现数据价值的最大化。

第五章　计算机软件信息管理的挑战与应对策略

第一节　软件信息管理面临的主要挑战

一、信息孤岛现象

　　计算机软件信息管理的领域近年来得到了极大发展和广泛关注，然而，尽管技术不断进步，软件信息管理依然面临诸多挑战。这些挑战不仅影响到信息的获取与处理效率，同时也制约了企业在信息化时代的可持续发展。因此，深入剖析软件信息管理所面临的主要挑战，并探讨相应的应对策略，对提升软件信息管理的整体效能具有重要意义。

　　信息孤岛现象是导致软件信息管理效率低下的关键因素之一。在信息网络日益复杂、系统众多的当今社会，软件信息的存储、传输和共享往往局限于特定系统或部门，形成局部化的信息孤立。根据调查显示，约有75%的企业在其信息管理中遭遇了信息孤岛的困扰，这不仅导致了信息重复录入、数据不一致等问题，还使得相关决策的依据缺乏全面性与准确性。信息孤岛还会造成资源利用效率的降低。例如，在一些大型企业中，各个部门使用独立的管理系统进行数据存储，这使得跨部门协作变得困难，导致企业整体运作的协同性下降。

　　针对信息孤岛现象，解决的关键在于构建统一的信息管理平台。通过引入"企业资源规划（ERP）"系统或"数据仓库（DW）"技术，企业可以更有效地整合各部门的信息流，实现数据共享与协同工作。具体而言，ERP系统通过模块化的设计，使企业内部所有信息在同一平台上进行管理，从而减少信息孤岛的发生概率。与此同时，数据仓库作为支持决策的核心，可以通过数据抽取、转换和加载（ETL）过程，将分散于不同系统的数据信息进行汇总，为企业提供更加准确的决策依据。

　　软件信息管理中的数据安全性问题也亟需重视。随着信息化程度的提高，数据泄露和信息安全问题频频发生,对企业造成严重的财务损失和声誉危机。数据显示,因网络攻击造成的损失年年攀升,全球平均每家企业每年的信息安全费用接近4万美元。这一现实促使企业需将数据安全管理提升至战略层面。通过即时的"入侵检测系统(IDS)"和"数据加密(Encryption)"技术,企业能够显著提升软件信息管理的安全性,从而避免敏感数据被恶意获取。

组织内部的信息文化建设也是软件信息管理所需考虑的重要方面。由于信息管理方式与传统文化有着密切关联,许多企业在推广信息管理新理念时遭遇了抵制。例如,某知名公司在推行"开放数据共享战略(Open Data Sharing Strategy)"时,因员工对个人信息安全的忧虑,导致信息共享意愿低下。为有效应对这种情况,企业应开展针对性的培训,强化员工的信息安全意识。同时,通过树立信息共享的成功案例,鼓励更广泛的信息交流,逐步改变员工对信息管理的固有认知,培育开放、合作的信息文化。

软件信息管理面临的信息孤岛现象及数据安全性问题,不仅制约了管理效率的提升,也影响了组织的整体决策能力。因此,通过建立统一的信息管理平台、加强数据安全防护以及提升组织内部信息文化,不仅能够有效应对这些挑战,还将为企业的可持续发展奠定坚实的基础。未来,随着技术的不断进步和信息管理理念的持续深化,企业在软件信息管理方面的挑战将有效减少,其潜在的管理价值将逐步得到充分释放。

二、数据安全与隐私问题

(一)网络攻击与信息泄露风险

在当今快速发展的信息技术背景下,计算机软件信息管理面临诸多挑战,其中数据安全与隐私问题及网络攻击与信息泄露风险尤为显著。随着数字化进程的不断推进,数据已成为企业和组织的重要资产,其安全性和隐私性不容忽视。诸如《通用数据保护条例》(GDPR)等法规的实施,进一步强调了数据管理的合规性要求。因此,理解软件信息管理的挑战及相应策略的制定显得尤为重要。

数据安全与隐私问题的核心在于数据的保密性、完整性与可用性(CIA三元组)。根据《信息安全管理体系》(ISMS)标准的要求,组织必须评估并管理其信息资产的风险，以避免因数据泄露或篡改而造成的严重后果。以此为基础，风险评估模型在此过程中发挥了关键作用。采用影响力分析法（IFA）与概率评估相结合的方法，企业可以系统地识别潜在风险，并对其重要性进行量化。此模型鼓励组织基于威胁建模（如STRIDE模型）进行深入分析，剖析针对数据的威胁源与脆弱性，从而制定切实可行的信息保护策略。通过实施访问控制机制与加密技术，企业可以有效提高数据保密性，降低信息泄露的可能性。

在网络攻击与信息泄露风险方面，近年来，网络安全事件频发，许多企业成为了攻击者的目标。统计数据显示，超过70%的网络攻击源于企业内部的安全漏洞，尤其是在管理不当的情况下。对此，加强员工安全意识与培训是首要应对措施。组织应定期开展信息安全培训，以提高员工在面对社会工程学攻击（如钓鱼邮件）时的警觉性。技术层面的应对也不可忽视，包括防火墙、入侵检测系统（IDS）与反恶意软件等网络安全工具的部署。这些技术性防护措施应与持续的安全监控相结合，以实现对网络攻击的快速响应。

进一步来说，信息管理的有效性还需要依赖于适当的管理框架。以《信息技术基础架构库》（ITIL）为例，其为组织提供了一套全面的最佳实践，旨在提高IT服务管理的成熟度和效率。针对软件信息管理，ITIL强调服务运营与软件信息管理间的紧密互动，通过实施变更管理和配置管理，确保软件信息数据的实时性和准确性，从而有效降低潜在风险。

不可忽视的是，软件信息管理还面临着法律和合规性挑战。随着法规的日益严格，企业必须遵循相应的法律规定，制定符合要求的数据管理政策。然而，法律环境的复杂多变性，甚至监管政策的地域差异，使得组织对法律风险的认知和合规性建设变得异常艰难。因此，为了应对这些挑战，建议企业建立跨部门的合规团队，及时跟进政策变动与合规要求，用以提升组织整体的法律风险管理能力。

面对计算机软件信息管理中的多重挑战，组织不仅需重视数据安全与隐私保护，还须积极应对网络攻击和法律风险问题。通过实施科学的风险评估模型与可靠的管理框架，结合技术防护措施与员工培训等策略，企业能够有效提高其信息管理体系的安全性与合规性，确保在复杂的技术环境中推进数字化转型目标的实现。

(二) 法规遵从性的挑战

在当前信息化和数字化迅速发展的背景下，计算机软件信息管理面临诸多挑战，需要科学有效的应对策略。软件信息管理的复杂性导致了其在数据安全（Data Security）与隐私（Privacy）方面的安全问题愈发突出。多样化的应用场景以及用户数据的广泛收集，使得在管理过程中必须采取严谨的措施确保数据不被恶意篡改或泄露。举例而言，曾有多起涉及大型企业的数据泄露事件，直接导致了用户信任的丧失和经济损失，表明实施数据保护策略的重要性。

进一步分析发现，数据安全问题不仅仅限于物理层面，更与软件工程生命周期（Software Development Life Cycle, SDLC）的各个阶段密切相关。从需求分析（Requirements Analysis）到设计（Design），再到实施（Implementation），每一步都有可能存在潜在的安全漏洞。因此，在软件开发中嵌入"安全第一"的理念，利用威胁建模（Threat Modeling）工具进行系统性的安全性评估是至关重要的。同时，数据加密（Encryption）等技术手段的广泛应用，也为信息安全提供了必要的保障。

法规遵从性（Regulatory Compliance）方面的挑战也不容忽视。随着全球各地对数据保护法规的相继出台，如《通用数据保护条例》（GDPR）和《加州消费者隐私法》（CCPA）等，软件信息管理需要适应这些法规的变化，不仅要保障自身运营的合法性，更要确保用户权益的保护。许多企业在法规合规性的管理上往往缺乏系统性的战略，从而导致了不必要的法律风险。例如，一些企业因未能及时更新其隐私政策，被监管机构处罚巨额罚款。因此，建立合规性分析框架（Compliance Analysis Framework）来监测法规变化，并评估其对企业软件信息管理流程的影响，具有十分重要的现实意义。

为了有效应对上述挑战，企业可以采取针对性的战略。从数据安全的角度来看，针对不同类型的数据，制定相应的数据分类与管理策略至关重要。工具如数据丢失防护（Data Loss Prevention, DLP）系统，可以有效监控敏感数据的使用与传输，确保在非授权情况下阻止其泄露。而在法规遵从性方面，应当实施定期的合规性审查（Compliance Audit）和风险评估（Risk Assessment），保障软件信息管理体系的合规性和有效性。

具体而言，定期的合规性审查可以利用数据分析（Data Analytics）技术，识别出业务流程中的合规漏洞和潜在风险，为决策提供数据支持。这一过程不仅可以提高企业运营合规性，还能增强企业的信誉度和市场竞争力。案例分析表明，一些在数据合规性方面表现卓越的企业，通常能够吸引更多的用户并建立长期客户关系。

计算机软件信息管理面临着复杂的数据安全与隐私问题，以及日益严格的法规遵从性挑战。通过实施合规性分析框架，并结合有效的数据保护策略，企业能够在确保数据安全的同时，实现信息管理体系的合规性，最终提高管理效率和客户信任度。因此，深入探讨、研究及创新应对策略是应对这些挑战的关键所在。

三、持续变化的技术环境

（一）软件版本管理的复杂性

在当今信息化时代，计算机软件信息管理的复杂性与挑战性日益凸显，随着社会的不断发展，技术环境的持续变化以及软件版本管理的日渐复杂，软件信息管理的有效实施面临多重考验。诸如技术迭代的快速发展、数据存储及处理量的激增、甚至日益增长的安全性需求，均对软件信息管理的策略与实践提出了更高的要求。

持续变化的技术环境软件信息管理构成重大挑战。技术进步的骤然加速，特别是在云计算（Cloud Computing）、人工智能（Artificial Intelligence）以及大数据（Big Data）等领域的迅猛发展，使得开发与管理者必须随时掌握新兴技术的更新动态。以云计算为例，云服务的弹性与扩展性需求促使软件必须具备自适应的能力，而这一过程不仅涉及技术工具的选取，更要求对软件架构（Software Architecture）的深度理解与动态调整。因此，管理者需建立有效的技术监控体系，实时更新技术文献与研究，以应对技术环境变化所带来的挑战。

软件版本管理的复杂性也是制约软件信息管理效率的重要因素之一。版本管理系统如 Git 为软件开发提供了重要的支持，但这一工具的使用并非没有挑战。在多版本、多分支的环境中，如何有效地进行代码整合（Code

Integration)、冲突解决（Conflict Resolution）及版本追踪（Version Tracking）仍然是许多团队面临的难题。事故发生的频率往往与版本管理的不当及操作相关，例如在进行多用户协作时，代码合并的不当处理可能直接导致数据的损失或功能的故障。因此，组织内亟需制定健全的版本管理策略，并加强技术培训，以培养开发者的版本管理能力，从而提升软件交付的稳定性与安全性。

为应对这些挑战，组织应采取多层次的应对策略。如构建以数据驱动（Data-Driven）为核心的软件管理体系，以数据分析（Data Analysis）为依托，实现对软件信息的动态监控与管理。数据驱动的方法不仅要求管理者具备对数据质量的教高管控能力，更需设计合理的分析框架，以确保信息的准确性、完整性和一致性。例如，定期进行软件审计（Software Audit）与评估，能够有效识别出潜在风险，并为管理决策提供有力支持。

强化团队的协作与沟通能力也是改善软件信息管理的关键一环。当今软件开发通常采用敏捷开发（Agile Development）模式，通过短期迭代与反馈循环不断推动软件的更新。有效的沟通流程及清晰的角色分工能够提升开发效率与质量，减少因信息不对称造成的错误。因此，团队管理者需关注团队成员间的协作，通过运用工具如 JIRA 等项目管理软件，确保信息的及时共享与反馈。

安全性作为软件信息管理中不可忽视的重要方面，必须被置于战略高度。随着网络攻击技术的进步，如何确保软件数据的完整性与保密性，是每个软件管理者需重点关注的课题。实施多层次的安全策略，结合前沿的加密技术和访问控制（Access Control）机制，可以有效降低安全风险，并确保信息的安全性与稳定性。借助版本控制系统（如 Git）的功能，有必要对代码进行审计和监控，把安全性考虑融入到软件开发的每一个环节，从而构建全方位的安全防护体系。

计算机软件信息管理在不断变化的技术环境中面临着多重挑战，而针对这些挑战的应对策略则需从多个维度出发，包括建立数据驱动管理体系，强化团队协作及沟通与提升安全防护等，只有通过系统性和综合性的战略规划，方能在激烈的市场竞争中立于不败之地。

(二)新技术的快速迭代

在现代计算机软件信息管理领域,组织面临着诸多挑战。其中,持续变化的技术环境以及新技术的快速迭代是影响软件信息管理的重要因素。为深入探讨这些挑战,必须首先识别出它们所带来的具体问题,并制定相应的应对策略。

持续变化的技术环境要求企业在软件信息管理中不断适应新的工具和平台,这一过程不仅仅涉及技术的更新换代,还包括管理模式和人力资源的适应与转型。具体而言,企业需要应对技术兼容性、软件生命周期管理(SLM)、以及信息安全等问题。技术兼容性问题主要表现在新旧技术之间的整合困难,例如,传统的软件架构可能无法支持新兴的云计算(Cloud Computing)或人工智能(AI)技术,这会导致数据流转不畅和资源配置不当。为此,企业应实施多层次的技术评估模型,如"技术成熟度模型(Technology Readiness Level,TRL)",以便系统地评估现有技术的应用潜力,从而在技术更新中把握住最佳时机。

新技术的快速迭代同样给软件信息管理带来了显著挑战。近年来,随着人工智能、区块链(Blockchain)和大数据分析(Big Data Analytics)等颠覆性技术的涌现,企业不得不面对技术迭代速度极快的现实。这一速度的加快使得传统的信息更新和管理方式显得滞后,造成数据冗余和信息孤岛(Information Silos)等问题。同时,软件的开发与维护周期也因此受到影响,导致企业的运营效率下降。因此,在应对新技术快速迭代的同时,企业需要加强与技术供应商的合作,采用敏捷开发(Agile Development)方法,以提升软件开发的灵活性和响应速度。

针对上述挑战,企业应考虑建立系统化的制约机制,以降低技术变化带来的风险。例如,采用"技术生命周期管理(Technology Lifecycle Management,TLM)"模块有助于对技术演变的科学追踪,通过监测技术的引入、引导和淘汰周期,实现科学的资源配置与技术整合。企业还需根据技术变化的动态特征,及时调整其战略规划,确保在技术迭代中保持竞争优势。

而在数据分析与管理的层面,企业应借助大数据分析工具,通过数据挖掘技术识别潜在的问题与风险,从而生成针对具体市场动态的准确预测。

例如，通过应用数据湖（Data Lake）架构，组织可以高效地存储和处理来自不同来源的数据，从而优化决策过程，减少运营的不确定性。结合实时监测与分析，企业能够在技术频繁变革的环境中，保持对市场动向的敏锐捕捉，并调整管理策略及时以应对新兴挑战。

面对计算机软件信息管理中日益严峻的挑战，企业只有通过采用切实有效的应对策略，系统性地分析技术现状与发展趋势，方能在快速变化的技术环境中立于不败之地。通过结合"技术成熟度模型"和"技术生命周期管理"模型，并利用大数据分析工具开展深度钻研，组织可以实现从传统信息管理模式向现代化、智能化转型的过程，最终走向信息管理的优化与创新道路。

四、人员技能不足

（一）人员培训与发展滞后

计算机软件信息管理的挑战与应对策略中，人员技能不足问题是极为突出的一个方面。随着信息技术的迅猛发展，计算机软件的功能和复杂性不断提升，这使得管理者在软件信息管理过程中面临了前所未有的挑战。在这样的背景下，如何有效应对人员技能不足的问题，成为了软件信息管理领域亟需解决的关键课题。

人员技能不足的问题主要表现为软件工程师和管理人员在面对新兴技术、工具和流程时，缺乏相应的知识储备与实践能力。例如，在进行"软件维护管理（Software Maintenance Management）"时，若工程师对"持续集成（Continuous Integration）"和"持续交付（Continuous Delivery）"的相关知识了解甚少，将可能出现维护过程中的沟通障碍、效率低下和错误频发等问题。根据某企业的案例研究，因技术知识匮乏所导致的维护效率降低达到了20%之多，严重影响了企业的整体运作效率与竞争力。

在这种背景下，必须采取一系列有效的应对策略。其中，人员培训与发展策略显得尤为重要。然而，许多企业在实施人员培训时，往往忽略了进行系统性的"培训需求分析（Training Needs Analysis, TNA）"。缺乏针对性的培训可能导致时间和资源的浪费，甚至使得员工的技术水平得不到有效提升。因此，在实施培训工作之前，必须首先对员工的技能短板进行深入的甄别。例如，可以通过问卷调查、面对面的访谈以及绩效数据分析等方式，全面了解员工在软件信息管理过程中的具体需求与实际应用能力。

通过使用"培训需求分析模型（Training Needs Analysis Model）"，企业可以更为准确地识别出员工所需的技术领域与知识点。这种模型的应用，不仅可以帮助企业明确培训目标，还能够确保培训内容与实际工作需求紧密结合，优化培训的投放和实施。企业应鼓励员工参与各类专业科研项目和行业交流活动，以增强其在实际工作中的适应能力和解决问题的技巧。

进一步而言，为了使培训项目取得更大的成功，企业还需建立长期的职业发展体系，提供持续的技能提升机会。例如，可以设定"职业晋升路径（Career Advancement Path）"，让员工在不同的岗位上轮岗学习，从而逐步提高其综合技能。在此过程中，企业也应重视建立一支多元化的培训师团队，他们具备丰富的行业经验以及技术背景，能够使培训内容更加贴近工作实际。为了确保员工所学知识的有效转化与应用，企业可以采用"导师制度（Mentorship Program）"，在培训后通过一对一的指导，帮助员工熟练掌握新技术的实际应用。

计算机软件信息管理中人员技能不足的问题，既是当前企业发展面临的阻碍，也是提升整体管理水平的重要驱动力。通过精准的"培训需求分析（TNA）"和系统性的人员培训机制的建立，企业不仅能够有效解决人员技能不足的问题，还能在激烈的市场竞争中，保持和提升其创新能力与市场地位。因此，在未来的管理实践中，需以更完善的理念和方法，针对性地提升员工技能，进而保证企业软件信息管理的高效性与可持续性。

（二）专业人才匮乏

在当今数字化迅速发展的时代，计算机软件信息管理已成为企业保持竞争优势的关键。然而，伴随着技术的不断迭代与创新，软件信息管理所面临的挑战愈发显著，尤其体系在人员技能不足和专业人才匮乏方面。这些挑战对软件信息管理策略的制定与实施产生了深远的影响，进而影响到企业的整体信息系统效率以及业务连续性。

人员技能不足是影响软件信息管理效率的重要因素之一。尽管目前市场上涌现出了大量的软件管理工具及平台，但其真正有效性却依赖于操作人员对相关技术的掌握与应用能力。根据"技术接受模型（TAM）"的研究，用户的技术接受度与其对软件系统功能的熟悉程度、培训机会以及基础知识的掌握密切相关。因此，企业若未能建立起系统的培训体系，将导致技术应用的低效，进而影响软件信息系统的数据安全性与信息准确性。例如，某大型IT企业在推行新版本软件更新时，由于管理人员对该版本新功能掌握不精准，导致数据处理延误，最终使得业务阻滞，给企业带来了巨大的经济损失。

专业人才匮乏也是不可忽视的挑战。随着软件行业的迅猛发展，对高素质信息管理人才的需求日益加大。然而，依据"人力资源短缺模型"分析，大量高技能人才尚未能适应市场需求，造成了人才供需不匹配的现象。例如，某研究机构分析了近五年的技术岗位招聘数据，结果显示，特别是在数据分析、网络安全和系统集成等领域，高级人才的招聘成功率不足20%。这种供需失衡不仅影响了企业的正常运作，也使得企业在面对复杂的信息管理和更新升级时显得力不从心。

为了有效应对上述挑战，企业需从多维度着手，制定切实可行的人力资源管理策略。企业应当依托"人力资源分析工具"，定期评估员工的技能水平与培训需求。通过科学分析，企业能够识别出技术短板，进而依据员工的职业发展规划，实施更为精准的培训方案，从根本上提升员工的专业能力。企业可通过构建良好的职业发展通道，增强员工的归属感与职业发展潜力，以此吸引并留住优秀的技术人才。

同时，企业在招募过程中应更为注重候选人的适应性及潜力，而不仅仅是学历与经验的简单堆砌。例如，通过设置更为全面的能力测评以及行为面试，可以深化对候选人综合素质的了解，从而增加招聘的成功率。企业还应考虑与高等院校及职业培训机构的紧密合作，通过产学结合，培养符合市场需求的蓝领及白领技术人才，以从根源上缓解专业人才匮乏的问题。

在面临软件信息管理的多种挑战时，企业应采用开放的心态拥抱技术变革，善用新兴行业技术，如"人工智能（AI）"和"大数据（Big Data）"分析，以促进信息管理效率的提升。ADE企业通过引入智能化软件管理工具，不仅可以简化流程，降低人为操作的风险，而且能够通过数据驱动的决策提高管理的科学性与合理性。

总而言之，面对计算机软件信息管理中人员技能不足和专业人才匮乏的挑战，企业应当深入挖掘并解决这些问题，以促进整体信息管理的有效性和系统性。通过科学的人力资源分析与合理的管理策略，企业能够在激烈的市场竞争中建立起良好的信息管理体系，进而实现可持续的发展。

五、规范与标准缺失

（一）缺乏行业标准

在当前的计算机软件信息管理领域，面临的挑战中，规范与标准的缺失也显得尤为突出。针对这一问题，需深入探讨行业内规范的缺乏现状及其对软件信息管理的影响，同时提出相应的应对策略。本节将通过规范分析框架（Standards Gap Analysis）进行透彻的讨论，以期为相关研究提供更加清晰的理论支撑。

两个主要因素导致了软件信息管理中的规范与标准的缺失。首先是行业内部信息共享的障碍。由于企业在设计、开发及运营软件产品时，各自采用不同的工作流程和编码规范，导致信息的标准化程度低，从而造成了数据处理和管理上的不一致性。这种现象不仅限制了信息的跨系统交换与共享，更在一定程度上增加了软件维护的复杂性。例如，在一项对不同软件公司进行的调研中，发现多达60%的企业未能遵循统一的代码书写标准，这直接影响了软件的可维护性和可靠性。

其次是在新兴技术的开发和应用中未能及时判定规范和标准。例如，在人工智能（AI）和大数据（Big Data）领域，虽然这些技术蓬勃发展，但相应的标准和规范却相对滞后。此种情况从根本上导致了各类软件信息管理方案的不可比较性与不可重复性。在对比分析法的应用中，行业内的标准缺失被认为是制约软件信息管理效率提升的显著因素。数据分析显示，标准模糊的情况下，信息管理效率降低了约30%，这一现象在许多企业的运营中趋于普遍。

面对这些挑战，企业应采取多方面的应对策略以提升软件信息管理的效率。需要建立跨行业的标准化协作机制。通过不同企业间的合作，制定一套涵盖软件开发、信息管理及维护过程的标准，从而提高信息系统之间的兼容性和生态系统的整体效能。近期，行业巨头间的合作案例，如"产业互联网标准联盟"，便是这一策略的成功体现，联盟成员通过共同制定和推广标准，实现了信息资源的高效整合。

企业应加强内部标准化流程的建立。通过自主制定符合行业的最佳实践（Best Practices）和技术文档标准来实现自我约束。实际操作中，通过引入持续集成（Continuous Integration）与持续交付（Continuous Delivery）等技术的方法，可以在软件开发的早期阶段加强规范的执行。在某大型软件企业中，通过设立内部标准和审查机制，缩短了软件上线所需的时间，提高了项目的成功率，从而验证了建立内部标准的重要性。

政府和行业组织在推动软件信息管理标准化过程中的作用不可忽视。通过引导立法，推动相关标准的制定与实施，能够有效促进行业规范的建立与执行。通过与学术界的合作，开发基于数据分析的动态标准（Dynamic Standards），可使软件管理更具弹性与适应性。

计算机软件信息管理面临的规范与标准缺失问题在各行业普遍存在，对企业的持续发展构成了挑战。面对行业标准缺失的困境，企业及行业组织应采取合作制定标准、强化内部流程及推动政策引导等多方面的应对策略，以实现软件信息管理的规范化、标准化，从而提升管理效率与信息流转的可靠性。

（二）内部流程的不一致性

计算机软件信息管理在快速发展的科技环境中，面临着诸多挑战，这些挑战不仅束缚着软件开发领域的创新与效率，还直接影响到软件的可维护性与兼容性。为有效应对这些挑战，企业必须识别并实施切实可行的管理策略，使之在信息管理的各个维度中得以落实，从而提升整体的决策能力与响应速度。

规范与标准缺失可以被视为软件信息管理面临的显著挑战之一。在极具动态变化的技术背景下，行业内缺乏统一的标准与规范，使得各个开发团队在软件信息的存储、处理和传递过程中出现了前所未有的混乱。以医疗信息系统为例，尽管各个医院都在使用先进的软件来管理患者信息，然而由于缺乏统一的数据格式与标准，导致不同系统之间数据的互操作性极低，这不仅降低了工作效率,还可能导致医疗失误。因此,构建健全的标准化体系显得尤为重要,这可以通过引用"数据交换标准(Data Exchange Standards)"与"信息模型(Information Model)"技术来实现。

内部流程的不一致性则是造成信息管理效率低下的主要原因之一。每个软件开发团队往往独立运作,形成独特的工作流程与逻辑,这在表面上看似提高了灵活性,实则导致了信息管理的碎片化。举个简单的例子,在一个跨国公司的软件开发过程当中,不同地区的团队在项目管理、版本控制及文档记录等方面采用的工具与方法截然不同,这使得跨部门协作变得艰难重重。为解决此类问题,建议采用"业务流程建模(Business Process Modeling,BPM)"的技术,通过流程映射工具(如流程图)对现有工作流程进行全面审核与分析,识别冗余环节并优化工作流程,实现信息的高效流转与管理。

在应对以上挑战的同时,企业可考虑引入先进的自动化工具与技术,以提升软件信息管理的集中化与规范化程度。研究显示,自动化工作流管理系统在减少人为错误、提高产出效率方面有显著成效,这不仅能够优化项目进行的透明度,还能通过数据驱动的决策支持系统加强管理层的数据分析能力。例如,通过配置高度自定义的"案例管理系统(Case Management System)",企业能够实时对项目进展及资源使用情况进行监控,进而作出灵活调整。这种基于数据分析的管理方式为企业提供了更为准确的信息,以支持其在复杂决策中的科学性与合理性。

计算机软件信息管理面临的挑战不仅源自于外部环境的快速变化,更是内因与外因交织的结果。针对规范与标准缺失以及内部流程的不一致性,企业应当积极探索灵活、高效的管理策略,这样不仅能够提升软件开发过程的整体效率,同时也能为软件的生命周期管理提供更加坚实的支持。通过科学的管理与深思熟虑的决策,企业将能够在信息科技发展的浪潮中持续领先,实现更大的创新价值。

第二节 应对策略

一、强化信息共享机制

(一) 建立数据集成平台

在计算机软件信息管理领域,随着信息技术的迅速发展与应用,面临着前所未有的挑战,尤其是海量数据的管理与维护、数据孤岛现象的出现以及信息安全性的问题。这些挑战的出现往往是由于信息系统之间缺乏有效的协同与整合,从而导致信息流转不畅、数据重复及不一致等现象的发生。因此,针对这些挑战亟需提出切实可行的应对策略,以优化计算机软件信息管理的整体效果。

强化信息共享机制是应对信息管理挑战策略中的核心环节之一。信息共享不仅可以构建更为高效的信息传播渠道,还能有效降低单位内部不同部门之间因数据孤立所造成的资源浪费与决策失误。在这一过程中,企业需要通过建立统一的数据标准及协议,确保各类信息格式的一致性及可读性。例如,可以采用"开放数据协议(ODP)"来实现不同系统之间的数据互通,从而提升整体信息的透明度和可追踪性。相关研究表明,企业通过信息共享机制的强化,可以将信息处理时间减少30%以上,提高数据处理的效率,为决策过程提供更为可靠的依据。

建立数据集成平台是确保信息管理工作顺利进行的关键。数据集成平台不仅提供了一个集中的数据处理环境,还能够通过"数据湖(Data Lake)"和"数据仓库(Data Warehouse)"等结构化与非结构化数据的整合,为信息分析与决策提供强大的支撑。采用"数据集成架构(DI Architecture)"的原则,企业可以将来自不同来源的数据进行系统的整合与转换,从而减少因数据拆分与冗余导致的信息处理失误。这一过程的实现不仅需要高水平的技术支持,还依赖于跨部门的合作与协调。

在实施数据集成平台时,需要重点关注数据的质量管理与治理。数据的准确性、完整性及及时性是确保信息有效管理的先决条件。为此,企业应当建立相应的数据监控机制,及时识别并修正数据中的异常值,防止不良数据影响决策结果。以某大型金融机构为例，其在建立数据集成平台后，通过引入数据质量控制标准，不仅提升了数据的准确性，还减少了数据审计过程中的人工成本，显著提高了风险控制的能力。

进一步而言，数据集成平台的建立还应当结合现代信息技术的进步，例如采用"云计算（Cloud Computing）"和"大数据分析（Big Data Analytics）"等技术手段。云计算所提供的弹性计算资源，使得企业在面对动态数据环境时，能够及时调整资源配置，保持系统的高可用性。通过大数据分析，企业可以从多个维度对集成后的数据进行深入分析，挖掘潜在的业务机会与风险。借助机器学习（Machine Learning）与人工智能（Artificial Intelligence）等先进技术，企业可以实现对数据模式的自动识别与异常监测，从而提升信息决策的智能化水平。

计算机软件信息管理的挑战固然不容小觑，但通过强化信息共享机制与建立数据集成平台，企业可以有效应对这些问题。强化信息共享机制能够消除信息壁垒，提升数据利用效率，而建立数据集成平台则为信息管理提供了坚实的基础与保障。未来，随着信息技术的不断发展，这一领域仍需持续探索与创新，以实现更为高效、透明的信息管理体系，进而推动整体商业价值的提升。

（二）采用开放标准与接口

在当今快速发展的信息技术环境中，计算机软件信息管理面临着多重挑战，这不仅涉及技术层面的复杂性，还包括组织及管理流程的高效性。随着计算机软件的日益普及与应用范围的扩大，科学的信息管理的需求愈发迫切。然而，众多软件项目在信息共享与交流方面存在显著的障碍，特别是在不同系统之间的数据整合与互操作性问题上尤为突出。

不同软件之间的数据标准和格式的不一致，导致了信息共享的困难。这一问题体现为数据孤岛现象，即某些信息只能在特定的平台或系统内流通，从而影响了整体业务流程的流畅性。例如，企业在实施跨部门协作时，往往发现不同部门使用的软件系统难以互通，产生重复录入或数据失真等问题。缺乏有效的版本控制和变更管理也会加剧信息管理的复杂程度，尤其是在多方合作的项目中，这种情况更为普遍。因此，针对这些挑战，实施有效的应对策略显得尤为重要。

为了应对计算机软件信息管理面临的诸多挑战，强化信息共享机制被认为是一种关键的解决方式。信息共享不仅有助于提高资源的利用率，还能够增强团队之间的协同效应。实现这一目标的有效途径之一是通过构建集中式的信息管理平台，该平台能够整合不同软件系统中的数据，并提供统一的访问接口。同时，企业应积极推动跨部门的信息共享政策，鼓励各部门之间的信息交流与合作，减少信息孤岛对工作效率的影响。

在信息共享机制的搭建中，采用开放标准与接口的策略尤为重要。开放标准（Open Standards）旨在提供一种通用的框架，使得各类软件系统能够在同一个平台上进行顺畅交流。例如，开放 API（Application Programming Interface）框架作为一种极具灵活性和适用性的技术解决方案，能够帮助企业构建可互操作的软件生态系统。通过采用开放 API，企业可以轻松地将不同系统中的数据、功能和服务进行集成，从而大幅提升信息流通的效率。

开放 API 框架的优势不仅体现在技术层面，更在于其促进了软件开发的创新能力。企业通过开放 API，可以鼓励第三方开发者参与到软件生态系统的构建中来，从而促使生态系统内的软件产品在功能和使用体验上不断演化与优化。例如，知名的云计算服务提供商普遍采用开放 API 策略，允许用户及开发者基于其平台进行二次开发，从而实现个性化的需求满足。

同时，开放 API 也有效降低了信息管理的维护成本。由于采用统一的接口标准，企业能够简化后端的数据处理过程，从而提升了数据管理的效率。这种高效性不仅有助于减少人为错误，还能够缩短项目实施的周期，确保项目按时交付。当面临融合多个系统信息的需求时，开放 API 框架无疑是一个极具实用性的选择。

在总结上述论点时，必须强调信息共享机制与开放标准的重要性。面对日益复杂的计算机软件信息管理环境，采取针对性的应对策略不仅能够提升信息流通效率，更能够为企业的整体运营带来显著的益处。通过加强不同系统之间的协调与合作，企业将能够在信息密集的时代，优化其信息管理流程，更加快速且灵活地响应市场需求，最终实现其信息化管理的目标。因此，加强对开放 API 及相关技术的研究与应用，将是未来信息管理发展的重要方向。

二、加强数据安全管理

(一) 建立完善的安全策略

在当今信息技术高速发展的背景下,计算机软件的信息管理逐渐面临许多不容忽视的挑战。这些挑战不仅来源于技术层面的复杂性,也源自于动态变化的外部环境。软件系统日益更新的复杂性导致其信息管理需求日益增强。软件开发周期的缩短与功能的多样化使得信息管理过程变得更加繁琐,这就要求信息管理人员具备更为深厚的专业知识及技能,才能有效应对各种潜在风险和问题。

传统的信息管理方式往往无法适应现代软件体系的快速迭代与更新,尤其是在数据处理与安全保障方面更是存在诸多短板。例如,数据泄露、系统漏洞以及恶意攻击等安全风险已经成为企业亟需解决的问题。根据统计,约有60%的企业在过去一年中经历了不同程度的信息安全事件,这些事件不仅造成了直接的经济损失,甚至还对企业声誉构成了严重威胁。因此,如何加强数据的安全管理,成为提升整体软件信息管理水平的关键所在。

建立完善的安全策略是应对信息管理挑战的有效手段之一。在这一方面,信息安全管理体系(信息安全管理体系,ISMS)作为一种系统化的管理框架,提供了系统、全面的安全管理策略。ISO 27001标准即是ISMS的一种具体化体现,其核心理念强调通过不断的风险评估与管理来维护信息的机密性、完整性及可用性。通过实施ISO 27001,企业可以建立起一套切实可行的安全政策,有效地规避和应对诸如数据泄露、信息篡改和系统故障等多重风险。

在具体的实施过程中,首先需要企业对现有的信息安全现状进行详尽的评估,包括系统漏洞、数据存储方式及信息访问权限的审核等。通过数据分析可以发现潜在的安全隐患,并借此制定相应的改进措施。同时,企业还需要定期进行信息安全教育与培训,使所有员工明确自身的责任与权限,形成自上而下的信息安全文化。

案例分析可以进一步印证这一观点。例如,某大型科技公司在遇到数据泄露事件后,借助ISO 27001框架重新审视其信息管理流程。通过对安全管理流程的重新设计和实施,企业不仅及时修补了漏洞,还建立了一整套信息安全风险管理机制。这一转变使公司在后续的安全审查中获得了更高的通过率,信息安全事件的发生频率也显著降低。

为了防范未来可能的安全风险,企业还需构建持续改进的信息安全管理体系。通过建立信息安全事件响应机制,及时应对各种突发安全事件,以最快的速度恢复正常的信息服务,减少因安全事件带来的损失。为保障信息安全在技术层面的有效实施,企业还应定期进行系统漏洞扫描与渗透测试,以确保信息管理策略的可行性与有效性。

面对日益严峻的计算机软件信息管理挑战,企业必须通过科学、系统的应对策略,特别是通过建立和完善信息安全管理体系,来持续提高其信息管理能力与安全水平。在实现这一目标的过程中,企业的每一个成员都不可忽视,因为人是信息管理中最重要的元素。通过全面的安全管理措施及全员的安全意识提升,企业才能在复杂的信息环境中稳步前行。

(二)实施定期安全审计

在当今信息技术快速发展的背景下,计算机软件的信息管理面临着多重挑战。这些挑战不仅包括海量信息的增加带来的存储和检索困难,还涉及数据一致性、完整性及可用性等方面的复杂性。因此,采取有效的应对策略显得尤为重要。

加强数据安全管理是解决信息管理挑战的关键所在。数据安全管理的核心在于保护数据免受未经授权的访问、披露及毁损。在这一框架下,必须建立健全的《数据保护策略(Data Protection Policy)》并实施各种技术措施。例如,采用"加密技术(Encryption Techniques)"对敏感信息进行处理,利用"防火墙(Firewalls)"技术抵御外部攻击,这些措施都能显著增强信息管理的安全性。企业应加强内部员工的安全意识,定期开展"安全培训(Security Training)",提高员工对数据保护的重视程度,加强其对潜在的安全隐患及时进行识别与回应。

实施定期安全审计是确保数据安全管理落实到位的重要手段。安全审计不仅可以评估现有数据管理系统的安全性,发现潜在的安全漏洞和风险,同时也为改善信息管理措施提供了客观依据。基于"审计框架(Audit Framework)"进行安全审计，可以有效监管数据访问和使用情况，从而评估信息系统中各类数据流的完整性与合规性。例如，根据"ISO/IEC 27001（国际信息安全管理标准）"进行系统性审计，通过对数据访问日志的跟踪分析，可以识别出不当访问和使用的行为，进而对数据管理策略进行相应调整。

在审计实施过程中，应重点关注数据访问权限的管理。通过技术手段建立"基于角色的访问控制（Role-Based Access Control, RBAC）"系统，根据用户的角色分配相应的权限，确保只有合适的人员能够访问特定的数据资源。同时，定期提供访问权限审计，可以确保权限分配的准确性，并随时纠正不当或多余的权限，减少潜在的安全隐患。

采用自动化审计工具也是提高安全审计效率的重要途径。这些工具通过使用"数据挖掘技术（Data Mining Techniques）"和"机器学习算法（Machine Learning Algorithms）"，可以在海量数据中识别出异常模式，实现高效的实时监控。借助这些技术，审计人员能够及时发现异常活动并采取相应措施，从而提升信息管理的反应速度和处理能力。

总的来说，解决计算机软件信息管理中的挑战，不仅要求企业加强数据安全管理、实施定期安全审计，同时还需在审计流程中引入现代科技手段，以提升数据管理的科学性与有效性。企业只有在全面评估现状、精准识别风险、合理配置资源的基础上，才能不断优化信息管理体系，确保数据的安全性与合规性，以适应日益复杂的信息管理环境。这种整合技术与管理的策略，必将为企业注入新的活力，并推动其可持续发展。

三、适应技术变更

（一）及时更新软件与工具

在当前高度竞争且技术迅速发展的软件工程领域，计算机软件信息管理面临诸多挑战。这些挑战包括但不限于技术变更的频繁发生、软件版本管控的复杂性以及跨平台协作的障碍。以此为背景，本文探讨如何通过适当的应对策略来增强计算机软件信息管理的效率与有效性，其中持续集成与持续交付（CI/CD）实践将成为重要的分析工具与框架。

应对策略的有效制定，需基于对当前软硬件生态环境的深刻理解。例如，随着云计算（Cloud Computing）和虚拟化（Virtualization）技术的广泛应用，传统的单体应用架构（Monolithic Architecture）逐渐向微服务架构（Microservices Architecture）转型。此转型不仅使得软件维护的复杂性显著下降，同时也提高了团队的协作效率。基于这一背景，实施CI/CD的方法，从而能够有效地解决因为缺乏及时反馈而导致的开发与运维之间的壁垒，使得软件版本更新可在不间断的业务环境中流畅进行。

适应技术变更是面临的又一挑战。在信息技术（Information Technology, IT）行业，技术更新迭代的速度远超预期，软件的功能和性能需求不断发生根本性变化。对此，团队应当采取灵活的开发模式，譬如采用敏捷开发（Agile Development）与DevOps文化，促进跨职能团队的合作与沟通。通过实施CI/CD，可以实现自动化测试（Automated Testing）和自动化部署（Automated Deployment），从而大大降低技术变更带来的潜在风险。在此过程中，实时数据反馈机制（Real-time Data Feedback Mechanism）的建立至关重要，它能够帮助团队在技术变更的早期阶段就识别出问题，迅速作出调整与响应。

及时更新软件与工具的需求更是当前软件信息管理中不可忽视的因素。随着技术的迭代，开发人员必须持续关注即将发布的工具和框架。例如，若开发团队未及时更新使用的集成开发环境（IDE）或开源库（Open Source Libraries），可能会导致安全漏洞（Security Vulnerabilities）和兼容性问题。通过CI/CD，团队能够持续监控其软件供给链，与此同时，利用容器化技术（Containerization）保证在不同环境下软件的运行一致性，从而为快速响应与部署提供保障。实现自动化依赖管理（Automated Dependency Management）则是确保软件及时更新的必要手段，确保所有组件均处于最新版，并且经过充分测试以符合运行环境的标准。

在促进业务持续交付与更新的过程中，CI/CD的实施显著提升了企业的软件开发速度和质量。例如，某知名科技公司在实施CI/CD方案后，成功将软件发布周期缩短了50%以上，且因自动化测试的引入，产品质量得到了有效提升。这一案例不仅展示了CI/CD在软件信息管理中的重要性，也强调了适应快速变化市场环境的重要性和策略。

针对计算机软件信息管理所面临的挑战，通过采用CI/CD等应对策略，组织能够实现技术变更的有效适应和软件工具的及时更新。在此背景下，通过自动化和实时反馈机制的结合，不仅提升了软件开发与运维的协作效率，同时也确保了软件信息在不断变化的生态环境中始终保持高效、可靠的管理。这一理论框架的有效实践，不仅为业界提供了切实可行的参考，也为未来的软件工程研究提供了新的视角和方向。

（二）进行技术培训与知识更新

在当今快速发展的信息技术环境中，计算机软件信息管理面临着诸多挑战，这些挑战源于技术更迭的加速、用户需求的变化以及组织内部沟通不畅等多方面因素。由于技术的不断进步，软件版本的快速迭代促使信息管理体系必须保持灵活性与适应性。例如，在应用软件（Application Software）更新换代产生新功能时，往往会伴随数据结构（Data Structure）的改变，这就需要组织充分理解新旧版本之间的差异，确保信息管理团队能够快速响应这些变更，并及时更新相关文档与规程。这种变化通常会对现有的规范和流程带来挑战，导致信息维护工作的复杂性显著增加。

从知识管理体系（Knowledge Management System）的角度来看，软件信息管理不仅仅是技术问题，更是一个知识获取、分享与应用的管理过程。知识的快速传播与应用对于应对技术变更尤为重要。为了确保软件信息的实时更新与共享，组织需要建立高效的知识管理策略，通过促进跨部门的协作与信息交流，增强团队之间的互动。例如，通过设置知识库（Knowledge Base）或内部网（Intranet），使得软件更新的文档、功能说明与用户反馈能够集中管理，以提高信息获取的效率与准确性。

针对这一系列挑战，企业需要通过若干应对策略来有效提升软件信息管理的效率与可靠性。其一，适应技术变更是解决问题的关键。面对日新月异的技术发展，组织需建立一个灵活的适应机制，确保技术变更能够迅速融入现有的信息管理体系。具体而言，企业可以通过实施敏捷管理方法（Agile Management Approach），以较短的迭代周期进行评估和反馈，从而不断优化信息管理流程和工具的应用。通过应用这些方法，组织能够在技术变动的情况下，持续保持信息管理的高效与准确。

进行技术培训与知识更新也是实现有效软件信息管理的必不可少的策

略。组织应通过有针对性的培训项目,提升员工对新技术、新软件以及相关管理工具的理解与应用能力。这不仅能够加强员工的技术背景知识,还能提高其在实际操作中遇到问题时的应变能力。例如,通过定期举办内部研讨会或在线课程,组织能够为员工提供一个持续学习的平台,让他们能够与外部信息变化同步,及时获取与技术变更相关的新方法与知识。组织也可以通过分享最佳实践,激励员工探索新知识的应用,以此制定出更为完善的信息管理规范与区域。

除了培训与适应技术变更外,组织在面对软件信息管理中所遇到的复杂数据时,可以考虑引入先进的数据分析工具与人工智能(Artificial Intelligence, AI)技术。利用数据挖掘(Data Mining)与机器学习(Machine Learning)技术,组织可以分析软件使用过程中产生的海量数据,从中提取出用户行为模式与使用效率等关键信息,为后续的信息管理决策提供科学依据。这种基于数据分析的管理方式,不仅提升了信息管理的科学性和数据驱动性,还有效降低了由于人为因素引发的错误风险。

计算机软件信息管理在面对技术快速变更的挑战时,需结合知识管理体系,制定全面的应对策略,确保信息管理的高效与准确。采取灵活的技术适应机制、系统性的技术培训与知识更新,并结合先进的数据分析技术,将有效促进软件信息管理的持续改善与优化。通过这种综合性的策略,组织能够在复杂多变的环境中,保持强大的竞争力,实现信息管理的有效性与科学性。

四、注重人员发展与管理

在现代信息技术环境中,计算机软件的日益复杂性和多样性使得软件信息管理面临着诸多挑战。这些挑战不仅包括技术层面的难题,还涉及人才培养和资源配置等多方面的管理问题。为有效应对这些挑战,企业必须制定切实可行的应对策略,其中尤以员工发展与管理最为关键。

软件信息管理的主要挑战之一是由于技术快速变革带来的信息更新和维护难题。从边缘计算(Edge Computing)到人工智能(AI),新兴技术的不断涌现使得现有软件架构面临重构的压力。在这种情况下,持续的技术培训和人员技能的提升显得尤为重要。例如,通过针对数据科学(Data Science)

和云计算（Cloud Computing）的专业培训课程，企业可以极大地提升员工在新技术环境下的适应能力和工作效率。数据显示，参与定期培训员工的企业在技术适应性方面的提升速度高于未进行培训的企业近40%，这充分说明了人员发展的重要性。

人员流动性大也是影响软件信息管理的重要因素。高流动率可能导致项目知识的遗失，从而降低团队的整体效率。通过实施系统化的员工职业发展规划（Employee Development Plan, EDP），企业能够有效减少知识流失的风险。该模型强调了通过明确的职业路径和发展目标来激励员工，提高其对工作的认同感和归属感，进而降低员工流动率。例如，某知名互联网企业通过建立完整的职业发展通道和专业技能提升计划，使得其软件开发团队的平均流动率降低至行业标准的一半，有效保持了项目的连续性与稳定性。

除此之外，在信息维护的过程中，跨部门的协同合作也是管理中的一大挑战。软件信息的真实性与完整性往往依赖于多学科团队的合作。通过加强项目管理（Project Management）和职能部门之间的沟通机制，企业能够在技术实施和信息共享上实现更高的效率。例如，运用敏捷开发（Agile Development）方法论，不仅可以提高开发团队的响应速度，还能通过频繁的协作与反馈机制，提升产品质量和用户满意度。相关研究表明，运用敏捷开发模式的团队其交付周期缩短30%以上，同时提升了项目成功率。

应对这些挑战，企业的应对策略应涵盖技能提升、知识管理、以及跨部门协作等多个维度。企业可通过提供定制化的职业培训课程，结合行业发展趋势和技术变化，为员工提供实用的技能提升机会；可以建立知识共享平台和文档管理系统，收集和整理项目文档，以避免因人员变动造成的知识遗失；在项目管理上，应鼓励跨部门团队协作，提升不同专业领域专业人才的协作能力，以形成更加开放和灵活的工作环境。

总结而言，充分认识并有效应对计算机软件信息管理中，尤其是在人员发展与管理方面遇到的挑战，将为企业在激烈的市场竞争中提供重要的竞争优势。通过实施系统化的员工发展计划，不仅仅提升了员工的技术能力，更为整个企业构建了稳定的知识体系与创新能力。随着信息技术的不断演变，持续关注和优化员工的发展路径，将为软件信息管理的未来提供无限的可能性。因此，在溯源企业管理模式的转型与优化过程中，人才的持续培养无疑将成为企业抵御未来不确定性风险的重要基石。

第三节 建立统一的管理规范

一、制定行业标准

(一) 参与行业协会活动

在当今信息技术飞速发展的背景下，计算机软件信息管理面临诸多挑战。软件信息的多样性和复杂性导致管理难度增加。这种复杂性体现在各类软件的技术架构、版本更新、合规性等方面。例如，一项关于企业软件系统的信息管理调查结果显示，超过62%的企业在信息管理中遭遇技术兼容性问题（Smith et al., 2021）。软件生命周期管理（Software Lifecycle Management, SLM）涉及的各个阶段（如需求、设计、实现、测试、部署和维护）常常没有形成明确的衔接，造成信息传递不畅和知识的碎片化。为了应对这些挑战，建立统一的管理规范显得尤为重要。

建立统一管理规范的目标在于规范化软件信息的收集、整理、存储和共享过程。此规范应依据行业标准，从而确保软件信息的可追溯性和一致性。引入"软件工程标准（Software Engineering Standards, SES）"和"信息技术基础架构库（Information Technology Infrastructure Library, ITIL）"等成熟框架，有助于规范软件信息的管理流程。通过分析不同的企业案例，可以发现制定统一管理规范对提升管理效率和降低操作风险有显著的积极影响。例如，某大型企业在实施ITIL框架后，其软件维护成本降低了25%，同时员工的工作效率提高了30%（Johnson & Peters, 2020）。由此可见，规范化管理策略对于克服软件信息管理中的混乱局面至关重要。

在实现统一管理规范的过程中，制定行业标准则是提高软件信息管理质量的关键措施。行业标准不仅为软件开发和维护提供了明确的指导，同时也为软件信息的共享和流通奠定基础。例如，《国际标准化组织（International Organization for Standardization, ISO）》在软件开发中推出的一系列标准，诸如ISO/IEC 12207涵盖了软件生命周期流程的各个方面，为全球软件行业提供了可遵循的范本（Lee, 2019）。研究还表明，采用行业标准的企业相较于未采用者，其在技术成熟度模型（Technology Maturity Model, TMM）上的评价提高了18%。因此，制定并采用行业标准不仅能提升单个企业的软件信息管理能力，也能促进整个行业的信息透明度和资源共享。

参与行业协会活动同样是提升软件信息管理能力的重要途径。行业协会作为各相关方（如软件开发者、用户、学术界、政府机构等）交流的平台，能够有效促进最佳实践的分享和技术的传播。例如，通过参与"IEEE 计算机协会（IEEE Computer Society）"举办的研讨会，可以获取最新的行业动态和技术标准，为企业的软件信息管理提供指导。在这些活动中，企业不仅可以学习到前沿的管理技术，还能够通过与其他企业的交流，发现自身软件管理的不足之处，从而进行针对性的改进。这一过程也符合"利益相关者分析法（Stakeholder Analysis）"，即通过识别和分析不同利益相关者的需求与期望，优化软件信息管理流程，并增强企业之间的协作。

面对计算机软件信息管理的挑战，建立统一的管理规范、制定行业标准及积极参与行业协会活动是解决此类问题的有效策略。通过详细的数据分析和案例研究，可以见证这些策略在实际应用中所呈现的成效，进而帮助企业在日益激烈的竞争环境中实现软件信息管理的优化与提升。未来，随着技术的不断进步与发展，软件信息管理领域仍需不断创新和完善，以适应新的挑战。

（二）设立技术委员会

在当前的信息化社会背景下，计算机软件的信息管理显得尤为重要。关于计算机软件信息管理所面临的众多挑战，显然已经引起了学术界和业界的广泛关注。软件信息系统的复杂性及其快速发展使得信息管理面临严峻考验。由于软件生命周期的不同阶段（如"需求分析（RA）"、"设计（D）"、"实施（I）"、"维护（M）"）不同信息的产生和存储形式也各不相同，这给信息的标准化和统一管理带来了相当大的难度。软件工程（SE）中的技术快速迭代和更新，频繁的变更管理也使管理体系的稳定性受到威胁。为了应对上述挑战，有必要从宏观角度入手，制定切实可行的管理规范，以确保软件信息的有效维护与管理。

第五章　计算机软件信息管理的挑战与应对策略

在建立统一的管理规范方面，首先需要明确不同类型软件信息的分类标准。采用"软件工程（SE）"中的最佳实践，如"敏捷开发（Agile Development）"和"持续集成（Continuous Integration, CI）"，可以为信息管理提供指导。这意味着在信息管理过程中，需设置诸如"版本控制（Version Control）""变更控制（Change Control）"和"质量保证（Quality Assurance）"等核心流程和规则。具体而言，企业可以引入"信息生命周期管理（ILM）"理论，划分信息从创建、使用到存档的各个阶段，并在每一阶段制定有效的执行标准。

与此同时，制定行业标准是推动计算机软件信息管理规范化的重要一步。鉴于软件行业各类标准（如"国际标准化组织（ISO）"的规范）在信息维护方面的指导意义，必须从国家层面和行业协会的层面去推动标准的建立。尤其是在数据安全（Data Security）方面，建立统一的数据加密（Encryption）和访问控制（Access Control）标准，有助于保障软件开发和维护中数据的完整性与保密性。考虑到不同企业间信息共享的必要性，行业标准的制定还应关注信息的可互操作性（Interoperability），从而提升信息管理的整体效率，因此，行业协会可以借鉴"开放系统互连（OSI）"模型的层级构架，提出相应的标准化建议。

设立技术委员会作为推动信息管理进程的专责机构，不失为一种有效的策略。这类委员会不仅聚集了行业内的顶尖技术专家和管理精英，更重要的是能够形成一个跨学科、多元化的合作平台，有助于对现有管理策略的审视与改进。通过开展定期的研讨及技术交流，技术委员会能够及时捕捉软件信息管理领域中的新趋势和新挑战。这种动态反馈机制，可以有效推动信息管理的持续优化，确保企业应对不确定性和复杂性。

通过对技术委员会运行模型的深入分析，可以发现其在信息管理中拥有诸多职能。例如，委员会可负责制定年度工作计划，针对软件信息管理的重要议题开展专题研究，并形成正式的建议书。这些建议书将帮助各企业形成规范的执行框架，从而确保信息管理的高效运作。此类实践还需结合"数据挖掘（Data Mining）"与"机器学习（Machine Learning）"等技术，以不断调整和优化管理策略，实现信息管理的智能化。

计算机软件信息管理的挑战与应对策略必须从建立统一管理规范、制定行业标准及设立技术委员会三个方面进行系统化的思考。这些措施不仅要紧密围绕管理理论的应用，同时也需与技术发展相结合，从确保信息管理能够适应瞬息万变的行业环境。希望未来通过多方协作与持续创新，推动软件信息管理水平的整体提升，从而促进整个软件行业的可持续发展。

二、优化内部流程

（一）评估现有流程

在当今信息化飞速发展的时代，计算机软件信息管理面临着多重挑战，包括数据冗余、系统兼容性不足以及信息安全性等问题。这些挑战不仅威胁到企业的信息资产安全，还可能导致决策失误与效率低下。因此，明确应对策略显得尤为重要。尤其是在实践中，建立统一的管理规范、优化内部流程以及对现有流程进行评估是解决这些问题的关键。

统一的管理规范是提升软件信息管理有效性的基础。管理规范的实施需结合《信息技术服务管理标准》(ITSM) 和《软件工程管理规范》(SWEBOK) 等相关标准，确保制度的科学性与可操作性。例如，在软件生命周期管理中，按照统一规范进行软件需求收集、设计与测试等环节的标准化，可以有效减少信息失真与数据遗漏。定期进行规范更新和参与者培训，也是确保其有效执行的重要环节。通过案例分析某大型企业的实践发现，通过建立ISO/IEC 27001（信息安全管理体系）标准，增强了对软件项目的监管和安全管控，有效减少了因信息安全漏洞引发的重大损失。

在信息管理流程优化方面，采用各种支持工具和方法是提升效率的有效途径。企业可以引入流程优化工具，如《精益管理方法论》(Lean Management) 和《六西格玛》(Six Sigma) 等，从而明确各个环节的价值贡献，消除非增值活动。例如，某科技公司在引入六西格玛法后，通过系统分析其软件开发流程，识别出在测试阶段存在的多重冗余环节，进而实施了跨部门协作机制，显著减少了开发周期和成本。这一优化不仅提升了生产效率，更为软件项目的快速迭代提供了保障。

评估现有流程的有效性是确保信息管理系统持续改进的必要环节。采用流程审计工具对现有的管理流程进行全面评估，可以揭示出其潜在的瓶颈与不足之处。具体而言，组织可以利用《关键绩效指标》(KPI) 和《平衡计分卡》(Balanced Scorecard)等绩效考核工具,评估软件管理过程中的效率与质量。例如,某医疗信息系统通过建立 KPI 指标,对数据处理和信息传递的实时性进行监控,发现其在数据整合环节的效率远低于行业标准,进而组织专项小组进行流程重构,最终实现了信息处理周期的显著缩短。

考虑到技术的不断发展带来的新挑战,诸如云计算、人工智能(AI)和物联网(IoT)等新兴技术的应用同样为信息管理带来了新的视角。特别是利用机器学习(Machine Learning)技术进行数据分析与预测,能够帮助组织在信息管理中实现更加科学的决策。例如,通过分析历史项目的数据,机器学习模型能够预测软件项目的潜在风险,从而为管理者提供决策依据,减少因信息不对称导致的管理失误。

计算机软件信息管理不仅仅是一个技术性的操作,而是一个系统性的过程,需要在统一的管理规范下,通过持续的流程优化与评估,实现信息管理的高效化与安全化。这一系列应对策略,不仅能够有效地提高组织的信息管理水平,还能为组织在竞争激烈的市场中提供强有力的支持与保障。正因如此,推进内部信息管理规范化的进程,将是未来信息管理技术发展的重要方向之一。

(二) 精简冗余步骤

计算机软件信息管理在现代企业中扮演着至关重要的角色,然而,其所面临的挑战也不容小觑。随着科技的飞速发展,信息的管理日益复杂,尤其是在数据量、变化速度及多样性不断增加的背景下,传统的管理策略已难以适应新的需求。因此,合理的应对策略显得尤为重要。在此背景下,采用"精益管理(Lean Management)"和价值流图(Value Stream Mapping)等分析工具和框架,将为提升信息管理的有效性和灵活性提供新的思路。

面对计算机软件信息管理的挑战,建立统一的管理规范势在必行。现代软件环境中,信息类型的多样性及其更新频率的加快要求企业必须制定一套规范的管理体系,以确保所有相关信息能够得到有效的归类与维护。根据 Bertalanffy 的系统论理论,统一的规范不仅能提升信息整合的效率,还能减少信息孤岛现象的发生,从而在整体上提高信息处理的准确性与及时性。同时,通过对管理规范的不断完善与迭代,企业能够更好地应对外部环境的变化,比如技术的快速更新或客户需求的变化。

然而，仅有统一的管理规范并不足以解决所有问题，优化内部流程同样至关重要。以精益管理为基础，企业可通过识别价值流（Value Stream）中的增值与非增值活动，来优化工作流程。通过价值流图的绘制与分析，管理者能够直观地识别出流程中的瓶颈与冗余步骤。例如，某软件开发公司在采用精益管理方法时，通过对现有开发流程的分析，发现测试与修复过程中的信息反馈时间过长，延误了整个项目的进度。通过有针对性的优化，比如引入敏捷开发和持续集成（Continuous Integration）策略，企业不仅缩短了产品交付的周期，也提升了信息管理的效率。

进一步而言，精简冗余步骤是实现信息管理高效性的关键举措。企业往往在信息处理过程中积累了大量不必要的环节，这不仅增加了管理的时间成本，也使得管理效率大打折扣。根据 Herbert Simon 的决策理论，决策的有效性与信息的处理效率息息相关。因此，企业在精简冗余步骤时，应从决策的角度进行全面考量，采用数据驱动的方法，通过分析过去的数据与现状，合理裁剪不必要的操作流程。例如，在某信息技术公司，通过建立基于数据分析的 KPI 监控系统，准确衡量各环节的工作效率，实现了对冗余步骤的及时纠正，进而提升了整体信息处理的响应速度。

在这些对策的实施过程中，也需充分考虑员工的培训与能力提升。根据信息社会的特点，员工的信息技术素养成为影响软件信息管理效率的重要因素。因此，企业应制定系统化的培训计划，帮助员工理解并运用新的管理规范与优化流程，提高其整体作业水平。通过不断的员工能力建设，企业不仅能够提高内部信息管理的专业化水平，还能促进信息的创新与应用，从而在激烈的市场竞争中占据更为有利的地位。

计算机软件信息管理的挑战虽然复杂多变，但通过建立统一的管理规范、优化内部流程以及精简冗余步骤等策略，可以有效应对这些挑战。结合"精益管理（Lean Management）"与价值流图（Value Stream Mapping）等分析工具，企业能够在复杂的技术环境中形成高效的信息管理体系，从而为长远发展奠定坚实的基础。未来，随着技术的不断进步和管理理念的持续更新，信息管理的策略和实践将会不断演化，推动企业向更高水平发展。

三、强化质量控制

在当前快速发展的技术环境中,计算机软件信息管理面临诸多挑战。这些挑战不仅体现于信息量的不断增长和数据复杂性的提高,也与软件生命周期管理的各个阶段密切相关。软件信息的不当管理可能导致资源浪费、故障频发以及安全漏洞,从而对企业的整体运营产生负面影响。因此,深入探讨针对这些挑战的应对策略显得尤为重要。

为应对复杂的管理环境,建立统一的管理规范显得至关重要。统一的管理规范应涵盖软件开发、维护及更新全过程,以确保各项操作规程、标准及方法具有一致性,使得信息管理能够高效且有序地执行。根据质量管理体系(Quality Management System,QMS),规范化的管理流程不仅能提高生产效率,还能显著降低错误率。例如,在采用灵活开发模式(Agile Development Model)时,尽管对快速迭代的需求突出,但如果缺乏清晰的管理规范,可能导致需求变更时各参与方之间的沟通不畅,增加项目风险。因此,针对项目的需求与版本控制,可以引入版本管理工具(Version Control Systems,VCS),确保从设计到交付每个环节都有据可依,减少因信息管理不当导致的错误和返工。

进一步地,强化质量控制是实现有效软件信息管理的另一个重要策略。通过实施系统化的质量控制策略,能够在软件开发的各个阶段识别潜在的问题并及时进行调整。具体而言,应用质量控制图(Statistical Process Control,SPC)等统计方法能够帮助团队监测开发过程中的关键指标,如缺陷率、任务完成度等。这种基于数据驱动的管理方式,允许组织在软件开发和维护过程中实时跟踪性能,及时响应潜在风险。从历史案例来看,采用SPC方法的企业往往在项目交付质量和客户满意度上有显著提高。其原因在于能实时发现并调整系统运行过程中的偏差,从而提升整体的信息管理水平。

在实施这些策略时,还需要注意到质量控制的持续推进。质量管理不是一次性活动,而是需要在日常管理中不断循环和改进的过程。借助动态反馈机制,组织能够建立反馈闭环,使每一次的软件迭代都能在早期识别问题和制定相应的改进措施。这种反复的过程不仅能够提高产品质量,增强团队的反应能力,也能在数据退火和信息重构时提升决策的科学性。

组织还应注重人才的培养与管理，确保技术人员具备相应的信息管理和质量控制理念。通过定期的内部培训和外部认证，促进团队内部的知识共享，提升团队整体素质，最终实现企业在信息管理方面的长足进步。根据相关研究，组织内具备良好质量控制文化的团队，比那些质量控制文化相对薄弱的团队，能够更有效地应对软件信息管理的挑战，提升整体的项目管理效率。

计算机软件信息管理的挑战虽多，但通过建立统一的管理规范、强化质量控制策略以及持续推进的管理改善，这些挑战是可以有效应对的。为了确保信息管理的有效性，组织需要在这些方面进行全面性的整合与优化，借助于现代化的信息技术，将管理流程与质量控制体系深度融合。这不仅有助于提升整体的管理水平，更能实现持续的技术创新和业务优化。

四、增强管理者的决策能力

（一）提供数据驱动的决策支持

在当今信息化社会，计算机软件信息管理面临着诸多挑战，诸如数据的复杂性、管理的动态性和决策的不确定性等。由于软件系统的多样性与复杂性，数据的标准化以及信息的互联互通成为亟需解决的问题。软件在生命周期的不同阶段产生了大量的异构数据，这些数据不仅源自于用户的反馈和开发过程中的记录，还包括来自外部市场的实时信息。因此，如何建立一个高效的统一管理规范，以适应不同数据类型和来源的集成，成为了管理者的首要挑战。尤其是随着云计算（Cloud Computing）和大数据（Big Data）技术的发展，数据量呈指数级增长，传统的管理模式显得愈发苍白无力。

为了有效应对上述挑战，建立一个动态、灵活且标准化的管理框架尤为重要。理论和实践都表明，通过商业智能工具（Business Intelligence Tools, BI工具），企业能够有效整合和分析各种来源的数据，从而形成一致且易于理解的信息流。在这个过程中，管理者不仅需要设计和实施统一的管理规范，确保数据的完整性和准确性，更要利用BI工具进行数据挖掘（Data Mining）和分析，这样才能快速生成决策支持信息。例如，通过对用户行为数据的分析，管理者可以识别软件中的潜在问题与改进方向，从而制定相应的优化策略。

增强管理者的决策能力也是计算机软件信息管理成功的关键因素之一。面对快速变化的市场环境和技术进步，管理者需要具备敏锐的洞察力和迅速的决策能力。然而，许多管理者在面对海量数据时常常陷入信息过载的困境。为此，建立一个有效的协调与分析机制显得至关重要。商业智能工具通过提供可视化的分析报表，以及实时的性能指标（Key Performance Indicators, KPI），帮助管理者在复杂的数据环境中筛选出关键信息，进而做出及时、合理的决策。例如，某软件公司通过采用 BI 平台分析客户反馈数据，成功识别出影响用户满意度的关键因素，从而在短时间内实施改进措施，显著提升了用户体验。

提供数据驱动的决策支持是实现软件信息高效管理的重要手段。数据驱动方法论强调，以数据为基础进行科学决策，这种方法的有效性已在多个领域得到了验证。在软件管理中，通过构建全面的数据分析模型，企业不仅可以在现有数据的基础上进行深层次的分析，还能探索数据之间的潜在关联，形成有规律可循的数据决策链条。在这一过程中，BI 工具的角色不可忽视。例如，通过分析历史软件维护记录，企业可以预测未来可能发生的技术故障，并提前采取预防措施，显著降低系统停机的风险。

面对计算机软件信息管理中的诸多挑战，采取统一的管理规范、增强管理者的决策能力以及提供数据驱动的决策支持是提高管理效率和准确性的关键策略。通过有效应用商业智能工具，可以形成数据与决策之间的高效连接，从而推动企业更好地应对市场变化与技术进步带来的挑战，实现长久的竞争优势。

（二）开展管理者培训

在当前计算机软件信息管理的领域，尽管技术的不断进步和数据管理工具的多样化为软件信息管理的策略提供了更为丰富的选择，但依然存在着诸多挑战。首先是软件信息量的急剧增加，这不仅使得数据的采集与存储变得复杂，也对数据的准确性和完整性提出了更高的要求，尤其在大型软件项目中，复杂的依赖关系和版本控制问题让管理者难以高效跟踪和维护软件信息。分散的管理模式导致信息孤岛的形成，各部门之间缺乏信息共享和沟通,使得决策过程受到制约。面对这些问题,实施统一的管理规范成为提升软件信息管理效率的迫切需求。通过建立标准化的管理流程,可以有效减少管理障碍,确保所有相关方能够以相同的标准对待软件信息,从而提高工作协同性及信息的可追溯性。

增强管理者的决策能力也是应对软件信息管理挑战的重要策略之一。有效的决策能力不仅需要强大的信息分析能力,更需要决策者具备综合运用多种数据分析工具与模型的能力。例如,借助"数据挖掘(DM)"和"数据分析(DA)"技术,管理者可以提取出潜在的趋势与模式,这既为决策提供了可靠的数据支持,又赋予管理者更深入的理解与洞察力。同时,应采取情景模拟等方法,通过构建不同的决策情景,帮助管理者预见可能出现的风险与机会,从而在复杂的环境中做出更加理性、科学的决策。通过"决策支持系统(DSS)"等技术的应用,可以提高决策过程的透明度和可靠性,促进组织内的持续学习与信息积累。

为了实现上述目标,开展系统的管理者培训显得尤为重要。在快速变化的技术环境中,管理者的能力提升不仅依赖于理论知识的积累,更需通过实际操作与案例分析,了解特定管理工具与方法的有效性。采用"Kirkpatrick 模型"等培训效果评估模型,可以有效评估培训计划的效果,不仅关注知识传授,更注重培训后管理者在实际工作中应用知识的能力。同时,在培训过程中,结合实际管理案例,通过"案例研究(Case Study)"的方式让管理者更直观地理解软件信息管理的复杂性与实施细节,进而强化其解决实际问题的能力。此类培训不仅使管理者掌握当前较为先进的管理理论,更重要的是提升其针对实际问题进行有效分析与快速响应的能力,最终实现信息管理的效能提升和组织绩效的改善。

总结而言,计算机软件信息管理的挑战要求我们建立严格的管理规范,增强管理者的决策能力,并开展系统的管理者培训。通过这些策略的实施,结合适当的分析工具与框架,将为企业在信息管理领域提供有效的解决方案。这不仅促进了软件信息管理的标准化与高效化,也为企业的长远发展奠定了坚实的基础。

第四节　总结与展望

一、当前挑战的总结

在信息技术迅猛发展的今天，计算机软件的复杂性与日俱增，伴随而来的是软件信息管理（Software Information Management, SIM）面临的一系列挑战。这些挑战不仅来源于技术层面，还涉及组织结构、人员素质及管理制度等多方面的因素，有必要对此进行深入剖析，以求为后续的应对策略奠定扎实的理论基础。

随着软件系统规模和复杂性的增加，软件信息的收集与维护面临着前所未有的挑战。现代软件通常采用分布式架构和微服务（Microservices）架构，这使得软件组件之间的依赖关系变得复杂，信息流转亟需高效的管理手段。研究显示，约70%的软件项目在实施阶段遭遇因信息缺失或信息错误造成的成本增加问题（Boehm, 1981）。因此，开发出一种能够实时跟踪软件信息的管理系统，势在必行。

人才短缺是当前计算机软件信息管理领域的另一重大挑战。尽管近年来国内外高校不断增加相关专业的招生计划，但真正具备跨领域知识背景（如计算机科学、信息管理、项目管理等）的人才却极为缺乏。根据相关统计，全球范围内，软件开发人员的需求量在未来五年内增长将超过20%（U.S. Bureau of Labor Statistics, 2019）。这种供需失衡使得许多软件项目在人员配置上捉襟见肘，从而影响了软件信息管理效率的提高。

再者，由于技术更新换代速度之快，软件生命周期（Software Lifecycle）的管理愈发显得困难。常见的诸如连续集成（Continuous Integration, CI）和持续交付（Continuous Delivery, CD）的实施，揭示了在快速迭代中如何有效维护软件信息的关键性问题。业内建议，通过建立"知识库"（Knowledge Base）来记录和分析软件在不同阶段的状态与变更，从而为信息管理提供依据。

法律法规的不断变化也对软件信息管理构成挑战。特别是在数据隐私法规如《通用数据保护条例》（General Data Protection Regulation, GDPR）的影响下，企业往往需要对其软件中涉及的用户数据进行更为严格的管理，这无疑增加了管理的复杂性。为了保护用户隐私，开发企业不仅需要提升技术能力，还需加强自我审查与合规性研究，以降低法律风险。

在面对上述挑战时，组织应采取多种应对策略，以提升软件信息管理的有效性与适应性。建议构建以数据驱动决策（Data-Driven Decision Making）为核心的管理文化，借助数据分析工具对软件生命周期中各类信息进行深入分析，从而实现对软件信息的全面掌握。同时，加强跨部门协作，形成技术与管理的合力，以提高信息流通效率。

定期进行软件质量审查，明确责任主体，从而促使各参与方对软件信息管理的重视程度加以提升。通过引入敏捷管理（Agile Management）方法论，增强团队的灵活性与快速响应能力，不仅能够应对市场变化，还能提高软件信息管理的适应性与有效性。

需重视人才培养与引进，通过多种渠道提升专业技术人才能力，比如加强与高校的合作，建立实习与培训基地，促进理论与实践的结合，以应对人才短缺的挑战。

计算机软件信息管理领域面临的挑战多元且复杂，而通过合理的应对策略的实施，完全有望提升软件信息管理的效率与效益，为企业信息化发展提供有力支撑。正如未来信息化的大潮将继续推进，唯有理论与实践的结合方能锚定方向，推动信息管理在新技术背景下持续进步。

二、应对策略的效果

随着信息技术的飞速发展，计算机软件产业的复杂性日益增强，信息管理面临诸多挑战。从软件生命周期的管理（Software Lifecycle Management, SLM）到软件配置管理（Software Configuration Management, SCM），从数据存储的安全性到实时数据的访问效率，这些都对信息管理提出了更高的要求。在此背景下，我们必须深入分析这些挑战的根源，并探讨相应的应对策略，以确保计算机软件信息的高效管理与维护。

复杂的系统架构与日益增长的用户需求，导致了软件信息管理的复杂性加剧。现代企业在使用软件时往往是基于一种复杂的多层架构（Multi-tier Architecture），这使得软件的功能更加丰富，同时也增加了信息管理的难度。以云计算环境（Cloud Computing）为例，应用程序接口（Application Programming Interface，API）的多样化与微服务架构（Microservices Architecture）的兴起，使得在动态环境中对软件信息进行有效管理的难度加大。企业需要处理来自不同数据源（Data Source）的海量数据，这使得信息可信度（Information Credibility）和信息一致性（Information Consistency）成为管理过程中的重要难题。

针对上述挑战，信息管理的应对策略应当包括多层次的技术框架与有效的组织管理模式。引入自动化管理工具（Automation Management Tools）以提高采用标准化流程（Standardized Processes）的效率，能够极大地降低人因素错误（Human Error）的影响。例如，通过使用持续集成与持续交付（Continuous Integration and Continuous Delivery，CI/CD）工具，能够强化软件版本及变更的控制，从而使得信息管理过程中的一致性与可追溯性得以增强。通过实施信息管理系统（Information Management System，IMS），能够构建一个集成化的信息平台，实现对软件信息的全面监控与实时分析。

针对数据安全性的问题，企业应当建立健全数据保护机制（Data Protection Mechanism），包括数据加密（Data Encryption）、访问控制（Access Control）及备份恢复（Backup and Recovery）等方案。这些措施不仅确保持有数据的安全性和完整性，还能够在信息管理中提升应急响应能力（Emergency Response Capability），从而降低潜在的安全风险。

在未来趋势的展望中，随着人工智能（Artificial Intelligence，AI）与机器学习（Machine Learning，ML）的广泛应用，计算机软件信息管理的自动化与智能化程度将会显著提升。这意味着管理者可以利用 AI 算法对海量数据进行深度分析，进而实现精准决策。这一变化将会彻底改变传统信息管理的模式，使得信息处理流程更加高效与智能化。

计算机软件信息管理所面临的挑战不仅限于技术层面的复杂性，还涉及如何在动态环境中保持信息多样性与一致性的问题。通过引入自动化工具与加强组织管理，企业能够有效应对上述挑战。同时，未来的技术创新将推动计算机软件信息管理向更加智能化与自动化的方向发展，从而提升软件信息管理的总体水平。

经过对各类应对策略的分析与实践应用，初步效果显著。以某大型企事业单位为例，自实施新的信息管理系统以来，软件变更的响应时间缩短了

40%，且因数据错误导致的生产事故减少了60%。通过标准化流程的应用，团队的协作效率提升了近50%。以上数据验证了自动化工具与系统集成在面对信息管理挑战时的实用性与有效性。

  除数据关联性与可追溯性的提升使得信息管理过程中的决策依据更加坚实，进一步增强了企业对外部市场变化的快速反应能力与适应性外。随着技术的持续发展与管理策略的不断优化，企业在信息管理领域必将取得更大的突破，进而实现可持续发展目标。这些实践案例的数据支持不仅证明了应对策略的合理性，同时也为未来的研究方向提供了新的视角。

参考文献

[1] 高慧.电气设备运行和维护特点及管理方法[J].电力设备管理，2021，(06)：32-33.

[2] 宁博.计算机软件系统维护管理存在的问题及对策[J].电子元器件与信息技术，2021，5(04)：170-171.

[3] 田勇.计算机软件工程项目管理方法探究[J].中小企业管理与科技（中旬刊），2021，(01)：23-24.

[4] 张迎春.CT设备的维护管理方法分析[J].电子技术，2022，51(10)：224-225.

[5] 李淑娴.提升林业育苗技术及苗期管理方法探讨[J].河南农业，2023，(14)：42-44.

[6] 王迪.浅谈计算机软件系统的维护与管理措施[J].电子世界，2021，(21)：184-185.

[7] 王桦瑜.浅析信息化项目管理方法及策略[J].中国新通信，2021，23(06)：108-109.

[8] 吕效飞.建筑施工安全管理方法及技术的构建探讨[J].居业，2023，(11)：186-188.

[9] 张洁，王燕梅，韩强.探究计算机软件工程的维护措施与方法[J].电脑知识与技术，2022，18(08)：62-64.

[10] 刘正刚，喻甲其，王静益.飞机维护质量与安全管理方法的探究[J].设备管理与维修，2022，(16)：92-93.

[11] 李世庆.计算机软件安全检测技术探讨[J].信息技术与信息化，2021，(05)：172-173.

[12] 陈莹莹.探讨医院信息化安全平台的维护与管理策略[J].信息与电脑（理论版），2022，34(08)：233-235.

[13] 王梦丽.浅谈化工在线分析仪表日常维护管理方法[J].中国设备工程，2023，(13)：55-57.

[14] 王琥.探讨机械设备管理及维护保养[J].冶金与材料，2023，43

(06): 169-171.

[15] 倪军威, 王克刚, 金凯. 煤气缓冲罐的检验及安全维护探讨[J]. 化工安全与环境, 2022, 35(45): 9-11.

[16] 季欣. 自动化仪表日常维护及检定探讨[J]. 产业与科技论坛, 2022, 21(06): 205-206.

[17] 于汝娴, 高建军. 城市燃气工程施工及安全生产运营管理方法探讨[J]. 内蒙古煤炭经济, 2021, (15): 120-121.

[18] 庞志华. 电气设备故障诊断及维护管理探讨[J]. 中国金属通报, 2022, (08): 141-143.

[19] 范建闯. 螺杆压缩机维护保养及故障处理探讨[J]. 中国设备工程, 2023, (10): 53-55.

[20] 赵佳, 江璐. 宜昌维护疏浚船舶基地建设思路及方案探讨[J]. 中国水运. 航道科技, 2021, (03): 43-47.

[21] 李志彬, 黄毓祥, 陈鹏飞, 夏环宇, 倪益民. 隔水导管腐蚀分析及维护补救措施探讨[J]. 海洋石油, 2022, 42(01): 100-107.

[22] 梁肇疆. 闭口闪点仪的日常维护及管理技术探讨[J]. 聚酯工业, 2023, 36(04): 40-44.

[23] 钱杨. 对计算机软件测试技术的几点探讨[J]. 电子测试, 2021, (03): 91-92.

[24] 韦卓羽. 高校计算机实训室维护管理方法的探究与实践[J]. 轻工科技, 2022, 38(03): 145-147.

[25] 孟兆文. 农田水利灌溉渠道维护与管理方法分析[J]. 当代农机, 2023, (07): 88-89.

[26] 梁浩思. 通信电源系统设计及运行维护中节能方案探讨[J]. 长江信息通信, 2021, 34(06): 172-174.

[27] 黄建文, 于淼. 探讨10kV电缆故障分析及运行维护技术[J]. 电子测试, 2021, (18): 98-100.

[28] 张燕妮, 王健. 建筑机械设备科学维护及安全管理探讨[J]. 居业, 2021, (10): 81-82.

[29] 许海楠. 信息安全环境下计算机软件开发[J]. 电子世界, 2021, (19): 13-14.

[30] 韦俏丽. 在信息运营维护中局域网络安全管理的价值探讨[A].2023智慧城市建设论坛论文集(一)[C]. 中国智慧城市经济专家委员会: 2023: 113-115.